シダ識別入門図鑑

谷城勝弘・村田威夫・木村研一

全国農村教育協会

A GUIDE ILLUSTRATED BOOK OF PTERIDOPHYTA

By Katsuhiro Yashiro, Takeo Murata and Kenichi Kimura

はじめに

本書はシダ植物の識別に役立つことを目的とした図鑑である。シダ植物にはサンショウモのように水辺や湿地といった特殊な環境に生育するもの、スギナのなかまのように節のある特徴的な形態のものなど、識別という観点からするとわかりやすいものもある。しかし、羽状複葉で構成される大多数のシダ植物は形態的にどれも大変よく似ており、特に初心者には識別上困難な印象を与えるものが多い。シダ植物は種子植物と異なり花や種子をつくらず、目立った特徴にも乏しい。次世代への継承は胞子という顕微鏡で確認される程度の小さな特別な細胞が担う。日陰や湿潤な場所を生育適地とする種類が多いことも、普段は注目されにくい背景にあるようである。以上のような理由から、シダ植物はわかりにくい陰の存在というイメージをもたれやすく、敬遠されることが少なくなかった。身近なところにありながら目立たないがゆえに、シダ植物の識別・分類は難しすぎて、とても初心者の手には負えないという誤解さえ生じているようである。しかしながら、適切な入門書によってこの誤解が解消され、正しい習得方法で観察が進んでゆけば、色鮮やかな花弁をつける種子植物とは趣の異なるシダ植物の繊細で巧みな葉の造形とその多様性の世界に多くの人が魅了されるようになるであろう。

● シダ植物の識別ポイントをつかむ

シダ植物における種の識別は、主に地上部に展開される葉の多様な形質によって行われる。種識別に用いられる羽片、裂片、鱗片、包膜、胞子嚢群などのつくりは種子植物にはない特異なものであるが、識別形質の種類は限られており、多くの分類群からなる種子植物の識別形質よりもむしろずっと少ない。したがって、識別の鍵となるこれら形質に習熟すれば、比較的容易に種の見当がつけられるようになる。

これまでシダ植物の図鑑類には個体写真、羽片のアップ写真などはあるが、識別の重要な鍵となる裂片、鱗片、包膜、胞子嚢群などの形質について、識別可能な十分な拡大率による実物写真を掲載しているものは少なかった。詳細な種解説文や線画、標本写真が掲載されていても、実際に個体と照らし合わせて見たときにはそれだけでは理解し難いものである。それに比べて実物写真が表現するものは他のどんな詳細な説明にも代えがたい。本書では種識別の決め手となる鍵形質を、形や色彩が変化していない生時のままの写真で掲載することに意を用いた。これらの写真と識別要点を簡潔にまとめた解説文の活用によってシダ植物各種の特徴のポイントが一目瞭然で理解いただけるはずである。

● "雑種"の注視がより深い理解につながる

シダ植物では雑種の形成はまれではなく、分類群によっては自然に高い頻度で起こる。シケシダ属では根茎で栄養繁殖した雑種が一面に植被を拡大して繁茂していることが少なくない。イノデ属数種の混生地には高い確率で雑種個体が見いだされる。雑種は両親種の形質を合わせもつ中間形になるが、その変異幅は雑種双方の形質を横断して幅広く、ときには親種の一方に酷似する個体もある。雑種の形質に注視することは親種の形質の確かな理解に繋がるものであり、シダ植物の識別力を向上させる大

変有効な機会である。本書では比較的身近な場所で遭遇する機会の多いイノデ属、シケシダ属について複数の雑種を解説した。生時の近接撮影写真によって多数の雑種を詳細に解説したのは、おそらく本書が初めてであろう。親種との形質の差異の微妙なもの、親種の異なる雑種でありながら互いによく似たものなど様々であるが、少しずつ研鑽を積んで理解を深めていっていただきたい。

●標本づくりのすすめ

識別について、優れた講師の解説にめぐまれたとしても、シダ植物の種類の多さを考えると野外で一見しただけで特徴を理解し、名前を覚えることはとても難しい。イノデのなかま、カナワラビのなかま、シケシダのなかま、ベニシダのなかま、イヌワラビのなかまなどグループの見分けができるようになっても、そこから種名の識別までにはなかなか到達できないのが普通である。形質をよく理解し正しく種名を知るには、押し葉標本をつくって身近なところに置き、いつでも何度でも検討できるようにしておくことが最も有効である。採集した個体はビニール袋などに入れて持ち帰り、少し形を整えて新聞紙に挟む。1日から数日おきに吸湿した新聞紙を4〜5回交換すれば大抵の標本は完成する。新聞紙交換の際も無意識のうちに特徴を確認することになるので、識別力を向上させる反復練習の格好の機会でもある。なお、採集に当たっては細心の注意を払い、観察や研究のための採集が自然破壊につながるなどと非難されることのないようにしたい。完成した標本は後まで大切に保管して役立たせる。博物館等には専門家による同定済の標本が多数保管されているので、自身の標本と比較しながら確かな種名を検討することができる。

本書に掲載した種は本州の低地から低山地に見られるものが中心である。種数は決して多くはないが、形質の見方に習熟していただくには十分であると思っている。掲載種に似てはいるが、それとはどこか違うようだと思うものに遭遇したときは、末項に掲載した参考文献(図鑑類)によって明らかにしていただきたい。

本書の作成に当たり、中村建爾氏、倉俣武男氏、岡武利氏、岩瀬徹氏には分類や分布に関する様々な情報と助言をいただいた。調査と写真撮影には特に千葉道徳氏、橋本君子氏、近迫佳代子氏等にご協力いただいた。編集と刊行に際しては全国農村教育協会の元村廣司氏に大変お世話になった。これらの方々に厚く御礼を申し上げます。

2024年11月　著者

本書の構成

第1部　シダ植物の形と用語

植物の形態的特徴や識別のポイントなどを簡潔に記載するのに、用語は不可欠である。シダ植物では特有の用語が多く使用される。これら用語の意味を正しくつかんでおくことは非常に大切で、写真を交えてわかりやすく解説した。用語のいくつかについて第2部の本文中で解説したものもあるが、それらについては脚注でその旨を記し、さらに巻末に「シダ植物用語索引」を付した。

第2部　シダ植物300種

図鑑としての本体に当たる部分である。27科62属244種48雑種を掲載した。科と属についても、その分類的特徴を記載した。種・雑種については、環境・分布・生態・形態について写真とともに解説した。シダ植物の識別に重要な形質となる鱗片・包膜・胞子嚢群などの微小な構造の生時写真も数多く掲載した。

第3部　シダ学入門講座

シダ植物の生物学的概説として、以下の5項目を簡潔に解説した。1.シダ植物の生活史、2.無融合生殖、3.無性芽による増殖、4.シダ植物の進化、5.雑種。シダ植物は系統進化学的にも大変興味深い内容を含むが、本書構成の主眼は外部形態多様性の把握にあり、入門に最低限必要な情報にとどめた。詳細の解説は専門の他書にゆずる。

第4部　検　索

"1科の検索"では写真を用いて各科の検索を解説した。
"2科から属・種への検索表"では、同定・識別の柱ともいえる検索表を掲載した。属や種を検索表だけで識別するのは難しいが、第2部の写真を使った識別を経験した後に、各分類群内の種の位置をより広い視野で確認いただきたい。

掲載種一覧

科 No.- 属 No.- 種 No. で構成される識別 No. を付し、雑種には「雑」と付記した。
【第2部】シダ植物300種（p.35〜）にも同じ識別 No. を付した。

1 ヒカゲノカズラ科 36
1-1 ヒカゲノカズラ属 36
- 1-1-01 ヒカゲノカズラ 36
- 1-1-02 アスヒカズラ 37
- 1-1-03 マンネンスギ 37

1-2 ヤチスギラン属 38
- 1-2-04 ミズスギ 38

1-3 コスギラン属 38
- 1-3-05 トウゲシバ 38

2 イワヒバ科 39
2-1 イワヒバ属 39
- 2-1-01 イワヒバ 39
- 2-1-02 カタヒバ 40
- 2-1-03 イヌカタヒバ 40
- 2-1-04 クラマゴケ 41
- 2-1-05 タチクラマゴケ 41
- 2-1-06 ヒメクラマゴケ 42
- 2-1-07 コンテリクラマゴケ 42

3 ミズニラ科 43
3-1 ミズニラ属 43
- 3-1-01 ミズニラ 43

4 トクサ科 44
4-1 トクサ属 44
- 4-1-01 スギナ 44
- 4-1-02 イヌスギナ 45
- 4-1-03 イヌドクサ 46
- 4-1-04 トクサ 46

5 ハナヤスリ科 47
5-1 ハナヤスリ属 47
- 5-1-01 ハマハナヤスリ 47
- 5-1-02 ヒロハハナヤスリ 48
- 5-1-03 コヒロハハナヤスリ 48
- 5-1-04 トネハナヤスリ 49

5-2 ハナワラビ属 50
- 5-2-05 ナツノハナワラビ 50
- 5-2-06 ナガホノナツノハナワラビ 50
- 5-2-07 オオハナワラビ 51
- 5-2-08 シチトウハナワラビ 51
- 5-2-09 アカハナワラビ 52
- 5-2-10 フユノハナワラビ 52

6 マツバラン科 53
6-1 マツバラン属 53
- 6-1-01 マツバラン 53

7 リュウビンタイ科 54
7-1 リュウビンタイ属 54
- 7-1-01 リュウビンタイ 54

8 ゼンマイ科 55
8-1 ゼンマイ属 55
- 8-1-01 ゼンマイ 55
- 8-1-02 ヤシャゼンマイ 56
- 8-1-雑 オオバヤシャゼンマイ
  （オクタマゼンマイ）........................ 56
- 8-1-03 オニゼンマイ 57

8-2 ヤマドリゼンマイ属 57
- 8-2-04 ヤマドリゼンマイ 57

9 コケシノブ科 58
9-1 コケシノブ属 59
- 9-1-01 コウヤコケシノブ 59
- 9-1-02 キヨスミコケシノブ 59
- 9-1-03 コケシノブ 60
- 9-1-04 ヒメコケシノブ 60
- 9-1-05 ホソバコケシノブ 61

9-2 アオホラゴケ属 61
- 9-2-06 アオホラゴケ 61
- 9-2-07 ウチワゴケ 62

9-3 ハイホラゴケ属 62
- 9-3-08 ハイホラゴケ 62

10 ウラジロ科 63
10-1 ウラジロ属 63
- 10-1-01 ウラジロ 63

10-2 コシダ属 64
- 10-2-02 コシダ 64

11 カニクサ科 ············ 65
11-1 カニクサ属 ············ 65
11-1-01 カニクサ（ツルシノブ）···· 65

12 デンジソウ科 ············ 66
12-1 デンジソウ属 ············ 66
12-1-01 デンジソウ ············ 66
12-1-02 ナンゴクデンジソウ ········ 66

13 サンショウモ科 ············ 67
13-1 サンショウモ属 ············ 67
13-1-01 サンショウモ ············ 67
13-2 アカウキクサ属 ············ 68
13-2-02 オオアカウキクサ ············ 68

14 キジノオシダ科 ············ 69
14-1 キジノオシダ属 ············ 69
14-1-01 キジノオシダ ············ 69
14-1-02 オオキジノオ ············ 70
14-1-03 ヤマソテツ ············ 70

15 ホングウシダ科 ············ 71
15-1 ホラシノブ属 ············ 71
15-1-01 ホラシノブ ············ 71
15-1-02 ハマホラシノブ ············ 71

16 コバノイシカグマ科 ············ 72
16-1 コバノイシカグマ属 ············ 73
16-1-01 コバノイシカグマ ············ 73
16-1-02 イヌシダ ············ 73
16-1-03 オウレンシダ ············ 74
16-2 フモトシダ属 ············ 74
16-2-04 フモトシダ ············ 74
16-2-05 フモトカグマ ············ 77
16-2-06 イシカグマ ············ 77
16-3 イワヒメワラビ属 ············ 78
16-3-07 イワヒメワラビ ············ 78
16-4 ワラビ属 ············ 78
16-4-08 ワラビ ············ 78

17 イノモトソウ科 ············ 79
17-1 イワガネゼンマイ属 ············ 79
17-1-01 イワガネゼンマイ ············ 79
17-1-02 イワガネソウ ············ 80
17-1-雑 イヌイワガネソウ ············ 80

17-2 イノモトソウ属 ············ 81
17-2-03 イノモトソウ ············ 81
17-2-04 オオバノイノモトソウ ······ 82
17-2-雑 アイイノモトソウ ············ 82
17-2-05 マツサカシダ ············ 83
17-2-06 ナチシダ ············ 83
17-2-07 アマクサシダ ············ 84
17-2-08 オオバノハチジョウシダ ··· 84
17-2-09 オオバノアマクサシダ ········ 85
17-3 ホウライシダ属 ············ 85
17-3-10 ホウライシダ ············ 85
17-3-11 ハコネシダ ············ 86
17-3-12 クジャクシダ ············ 86
17-4 タチシノブ属 ············ 87
17-4-13 タチシノブ ············ 87
17-5 ミズワラビ属 ············ 87
17-5-14 ヒメミズワラビ ············ 87

18 チャセンシダ科 ············ 88
18-1 チャセンシダ属 ············ 88
18-1-01 クモノスシダ ············ 89
18-1-02 コタニワタリ ············ 89
18-1-03 クルマシダ ············ 90
18-1-04 イヌチャセンシダ ············ 90
18-1-05 ヌリトラノオ ············ 91
18-1-06 コウザキシダ ············ 91
18-1-07 コバノヒノキシダ ············ 92
18-1-08 トキワトラノオ ············ 92
18-1-09 イワトラノオ ············ 93
18-1-10 トラノオシダ ············ 93
18-2 ホウビシダ属 ············ 94
18-2-11 ホウビシダ ············ 94

19 ヒメシダ科 ············ 95
19-1 ヒメワラビ属 ············ 95
19-1-01 ミドリヒメワラビ ············ 95
19-1-02 ヒメワラビ ············ 95
19-2 ミヤマワラビ属 ············ 96
19-2-03 ゲジゲジシダ ············ 96
19-2-04 ミヤマワラビ ············ 96
19-3 ヒメシダ属 ············ 97
19-3-05 ミゾシダ ············ 97
19-3-06 ヤワラシダ ············ 97
19-3-07 ハシゴシダ ············ 98
19-3-08 コハシゴシダ ············ 98
19-3-09 ハリガネワラビ ············ 99
19-3-10 イワハリガネワラビ ········ 100

- 19-3-11 ニッコウシダ 100
- 19-3-12 ヒメシダ 101
- 19-3-13 オオバショリマ 101
- 19-3-14 ホシダ 102
- 19-3-15 イヌケホシダ 102

20 イワデンダ科 103

20-1 イワデンダ属 103
- 20-1-01 コガネシダ 103
- 20-1-02 イワデンダ 104
- 20-1-03 フクロシダ 104

21 コウヤワラビ科 105

21-1 コウヤワラビ属 105
- 21-1-01 コウヤワラビ 105
- 21-1-02 イヌガンソク 105
- 21-1-03 クサソテツ（ガンソク）... 106

22 シシガシラ科 107

22-1 シシガシラ属 107
- 22-1-01 シシガシラ 107
- 22-1-02 オサシダ 108

22-2 コモチシダ属 109
- 22-2-03 コモチシダ 109
- 22-2-04 ハチジョウカグマ 109

23 メシダ科 110

23-1 シケシダ属 111
- 23-1-01 ヘラシダ 111
- 23-1-02 ハクモウイノデ 111
- 23-1-03 ウスゲミヤマシケシダ 112
- 23-1-04 ミヤマシケシダ 112
- 23-1-05 セイタカシケシダ 113
- 23-1-06 ムクゲシケシダ 113
- 23-1-07 ホソバシケシダ 114
- 23-1-08 フモトシケシダ 114
- 23-1-09 コヒロハシケシダ 116
- 23-1-10 シケシダ 116
- 23-1-11 ナチシケシダ 117
- 23-1-12 コシケシダ 117
- 23-1-13 ヒメシケシダ 118
- 23-1-14 オオヒメワラビ 118
- 23-1-15 ミドリワラビ 119
- 23-1-雑 a コセイタカシケシダ 120
- 23-1-雑 b セイタカフモトシケシダ 120
- 23-1-雑 c ホソバフモトシケシダ 121
- 23-1-雑 d ムサシシケシダ 121
- 23-1-雑 e オオホソバシケシダ 122
- 23-1-雑 f タマシケシダ 122
- 23-1-雑 g ノコギリヘラシダ 123
- 23-1-雑 h サツマシケシダ 123

23-2 ウラボシノコギリシダ属 124
- 23-2-16 イヌワラビ 124
- 23-2-17 ウラボシノコギリシダ 125
- 23-2-雑 ホクリクイヌワラビ 125

23-3 メシダ属 126
- 23-3-18 ミヤマメシダ 126
- 23-3-19 サトメシダ 126
- 23-3-20 ホソバイヌワラビ 127
- 23-3-21 ヤマイヌワラビ 127
- 23-3-雑 a オオサトメシダ 128
- 23-3-22 カラクサイヌワラビ 128
- 23-3-23 ヒロハイヌワラビ 129
- 23-3-雑 b ヤマヒロハイヌワラビ ... 129
- 23-3-24 ヘビノネゴザ 130
- 23-3-25 タニイヌワラビ 130
- 23-3-26 シケチシダ 131
- 23-3-27 タカオシケチシダ 131
- 23-3-28 ハコネシケチシダ 132
- 23-3-29 イッポンワラビ 132

23-4 ノコギリシダ属 133
- 23-4-30 ノコギリシダ 133
- 23-4-31 ミヤマノコギリシダ 134
- 23-4-32 ミヤマシダ 134
- 23-4-33 キヨタキシダ 135
- 23-4-34 ヌリワラビ 135
- 23-4-35 コクモウクジャク 136
- 23-4-36 シロヤマシダ 136
- 23-4-37 ヒカゲワラビ 137
- 23-4-38 オニヒカゲワラビ 137

24 オシダ科 138

24-1 カツモウイノデ属 138
- 24-1-01 カツモウイノデ 138

24-2 オシダ属 139
- 24-2-02 キヨスミヒメワラビ 139
- 24-2-03 ナガサキシダ 139
- 24-2-04 タニヘゴ 140
- 24-2-05 クマワラビ 140
- 24-2-06 オクマワラビ 141
- 24-2-雑 a アイノコクマワラビ 141
- 24-2-07 ワカナシダ 142
- 24-2-08 イワヘゴ 143
- 24-2-09 ツクシイワヘゴ 143

24-2-雑b イワヘゴモドキ ……… 144	24-4 イノデ属 ……………………… 170
24-2-10 オオクジャクシダ ……… 144	24-4-47 オリヅルシダ ………… 170
24-2-11 キヨズミオオクジャク …… 145	24-4-48 ツルデンダ …………… 171
24-2-12 ミヤマクマワラビ ……… 145	24-4-49 ジュウモンジシダ ……… 171
24-2-13 オシダ …………………… 146	24-4-50 オニイノデ …………… 172
24-2-雑c クマオシダ ……………… 146	24-4-51 ヒメカナワラビ ………… 172
24-2-雑d フジオシダ ……………… 147	24-4-52 オオキヨズミシダ ……… 173
24-2-14 ミヤマベニシダ ………… 147	24-4-53 サイゴクイノデ ………… 173
24-2-15 シラネワラビ …………… 148	24-4-54 カタイノデ …………… 174
24-2-16 ミヤマイタチシダ ……… 148	24-4-55 アイアスカイノデ ……… 174
24-2-17 ミサキカグマ …………… 149	24-4-56 シムライノデ ………… 175
24-2-18 ナガバノイタチシダ …… 149	24-4-57 ネッコイノデ ………… 175
24-2-19 サクライカグマ ………… 150	24-4-58 イノデモドキ ………… 176
24-2-20 イワイタチシダ ………… 150	24-4-59 チャボイノデ ………… 177
24-2-21 イヌイワイタチシダ …… 151	24-4-60 イノデ ………………… 177
24-2-22 ナンカイイタチシダ …… 151	24-4-61 アスカイノデ ………… 178
24-2-23 オオイタチシダ ………… 152	24-4-62 サカゲイノデ ………… 178
24-2-24 ヤマイタチシダ ………… 152	24-4-63 ツヤナシイノデ ……… 179
24-2-25 ヒメイタチシダ ………… 154	24-4-64 イワシロイノデ ……… 179
24-2-26 リョウトウイタチシダ …… 154	24-4-65 ホソイノデ …………… 180
24-2-27 サイゴクベニシダ ……… 155	24-4-雑a ミツイシイノデ ……… 182
24-2-28 ギフベニシダ …………… 155	24-4-雑b ハコネイノデ ………… 182
24-2-29 マルバベニシダ ………… 156	24-1-雑c アイカタイノデ ……… 183
24-2-30 エンシュウベニシダ …… 156	24-4-雑d サイゴクシムライノデ … 183
24-2-31 トウゴクシダ …………… 157	24-4-雑e キヨズミイノデ ……… 184
24-2-32 オオベニシダ …………… 157	24-4-雑f カタイノデモドキ …… 184
24-2-33 ベニシダ ………………… 158	24-4-雑g ハタジュクイノデ …… 185
24-2-34 ミドリベニシダ ………… 159	24-4-雑h シムライノデモドキ …… 185
24-2-35 ハチジョウベニシダ …… 159	24-4-雑i ドウリョウイノデ …… 186
24-2-36 キノクニベニシダ ……… 160	24-4-雑j ジタロウイノデ ……… 186
24-2-37 ナンゴクベニシダ ……… 160	24-4-雑k タコイノデ（新称） …… 187
24-3 カナワラビ属 ……………… 161	24-4-雑l オオタニイノデ ……… 187
24-3-38 オオカナワラビ ………… 162	24-4-雑m ミウライノデ ………… 188
24-3-39 ハカタシダ ……………… 162	24-4-雑n ゴサクイノデ ………… 188
24-3-40 オニカナワラビ ………… 163	24-4-雑o オンガタイノデ ……… 189
24-3-41 コバノカナワラビ ……… 163	24-4-雑p アカメイノデ ………… 189
24-3-42 ホソバカナワラビ ……… 164	24-4-雑q タカオイノデ ………… 190
24-3-43 リョウメンシダ ………… 164	24-4-雑r ツヤナシイノデモドキ … 190
24-3-44 シノブカグマ …………… 165	24-4-雑s ツヤナシフナコシイノデ … 191
24-3-45 ホソバナライシダ ……… 165	24-4-雑t ゴテンバイノデ ……… 191
24-3-46 ナンゴクナライシダ …… 166	24-4-雑u シモフサイノデ ……… 192
24-3-雑a テンリュウカナワラビ … 167	24-4-雑v サンブイノデ ………… 192
24-3-雑b ホソコバカナワラビ …… 167	**24-5 ヤブソテツ属** ……………… 194
24-3-雑c キサラズカナワラビ …… 168	24-5-66 ヒメオニヤブソテツ …… 194
24-3-雑d カワヅカナワラビ …… 168	24-5-67 オニヤブソテツ ……… 194
24-3-雑e チバナライシダ ……… 169	24-5-68 ナガバヤブソテツ …… 195
24-3-雑f タカヤマナライシダ …… 169	24-5-69 メヤブソテツ ………… 195

24-5-70 テリハヤブソテツ ……… 196
24-5-雑a ナガバヤブソテツモドキ 196
24-5-71 イズヤブソテツ ……… 197
24-5-72 ヤブソテツ ……… 198
24-5-雑b マムシヤブソテツ ……… 199
24-5-73 ヒロハヤブソテツ ……… 199
27-5-74 ツクシヤブソテツ ……… 200
24-5-75 ミヤコヤブソテツ ……… 200

25 タマシダ科 ……… 206

25-1 タマシダ属 ……… 206
25-1-01 タマシダ ……… 206

26 シノブ科 ……… 207

26-1 シノブ属 ……… 207
26-1-01 シノブ ……… 207

27 ウラボシ科 ……… 208

27-1 エゾデンダ属 ……… 208
27-1-01 オシャグジデンダ ……… 208

27-2 カラクサシダ属 ……… 209
27-2-02 カラクサシダ ……… 209

27-3 マメヅタ属 ……… 209
27-3-03 マメヅタ ……… 209

27-4 ノキシノブ属 ……… 210
27-4-04 ミヤノキシノブ ……… 210
27-4-05 ヒメノキシノブ ……… 211
27-4-06 ノキシノブ ……… 211
27-4-07 ナガオノキシノブ ……… 212

27-5 クリハラン属 ……… 212
27-5-08 クリハラン ……… 212

27-6 ヒトツバ属 ……… 213
27-6-09 ビロードシダ ……… 213
27-6-10 ヒトツバ ……… 214
27-6-11 イワオモダカ ……… 214

27-7 サジラン属 ……… 215
27-7-12 ヒメサジラン ……… 215
27-7-13 イワヤナギシダ ……… 215
27-7-14 サジラン ……… 216

27-8 オキノクリハラン属 ……… 216
27-8-15 イワヒトデ ……… 216

27-9 ミツデウラボシ属 ……… 217
27-9-16 ミツデウラボシ ……… 217
27-9-17 ミヤマウラボシ ……… 217

27-10 ヤノネシダ属 ……… 218
27-10-18 ヌカボシクリハラン ……… 218

コラム目次

多古光湿原のハナヤスリ類 ……… 49
正当な評価をされたマツバラン ……… 53
シダの適地：ウチワゴケ（アオホラゴケ属）
　の好む照葉樹林 ……… 58
ウラジロの特異的な成長 ……… 63
コシダの成長はウラジロにちょっと似ている … 64
サンショウモの新天地 ……… 67
ややこしいアカウキクサのなかま ……… 68
シダの適地：フモトシダ（フモトシダ属）
　の好むスギ林 ……… 72
フモトシダのいろいろ ……… 75
新雑種ケブカフモトカグマの発見 ……… 76
シカの食害とシダ植物 ……… 81
シダ類の名前(1)
　－○○シダと○○ワラビ－ ……… 88
シシミゾシダとの出会い ……… 106
シシガシラとオサシダは生育適地が違う … 108
千葉県清澄山系で発見された新種
　キヨスミシケシダ ……… 115
雑種の特徴的な形質発現 ……… 142
オオイタチシダの諸型 ……… 153
オオイタチシダとヤマイタチダを
　羽片の重なりで見分ける ……… 153
シダの表皮と気孔の観察 ……… 158
キレコミイノデモドキについて ……… 176
イノデ属の葉軸鱗片の観察 ……… 181
シダ植物（イノデ属3種）と種子植物の
　葉の内部構造を見る ……… 193
シダ類の名前(2)
　－いろいろな語尾とその由来－ ……… 197
海岸のシダ ……… 204
表土の攪乱で出現したミズスギ ……… 204
胞子の発芽と前葉体の形成 ……… 205
シダ類の名前(3)
　－いろいろな語尾とその由来－ ……… 205
前葉体をつくってみよう ……… 226

第1部

シダ植物の形と用語

第1部 シダ植物の形と用語

●各部の名称・用語

写真はイワイタチシダの例を示す。
写真下は一部を拡大したもの。

左ページの写真中の用語

葉軸(ようじく)：羽片をつける軸の部分、葉柄に続く部分で**中軸**(ちゅうじく)ともいう
葉身(ようしん)：葉の広がった部分
葉柄(ようへい)：葉の葉身を除いた柄の部分
羽軸(うじく)：羽片の軸の部分
羽片(うへん)：葉軸からでる羽状葉の裂片のひとつずつ
小羽軸(しょううじく)：小羽片の軸の部分
小羽片(しょううへん)：羽片がさらに切れ込んで独立した部分
裂片(れっぺん)：葉身を構成する切れ込みの最終単位。裂片の先は丸みのあるもの＝**鈍頭**(どんとう)、尖るもの＝**鋭頭**(えいとう)、短い芒になるもの＝**芒状**(ぼうじょう)など種ごとに様々な特徴がみられる
包膜(ほうまく)：胞子嚢群をおおう薄膜
胞子嚢群(ほうしのうぐん)：胞子の入った袋＝**胞子嚢**(ほうしのう)の集まり、**ソーラス**ともいう
鱗片(りんぺん)：うろこ状の薄い付属物

葉などに関するその他の用語

<基部>
耳片(じへん)：羽片の基部が膨らんで突出したところ
耳垂(じすい)：小羽片の基部が膨らんで突出したところ

ミヤコヤブソテツ

<縁>
辺縁(へんえん)：葉の縁のこと、本書では鱗片の縁にも「辺縁」を使用し、包膜の縁には「縁」を使用する

<羽片の場所>
頂羽片(ちょううへん)：葉身先端(頂生)の独立した羽片、頂羽片をもつ種類は限られる
側羽片(そくうへん)：葉身側部(側性)の羽片

イノデ

<方向>
向軸側(こうじくがわ)：植物体の中心を向いた側、葉では表側を指す
背軸側(はいじくがわ)：植物体の中心と反対の側、葉では裏側を指す
斜上(しゃじょう)：軸に対して狭い角度でつく
開出(かいしゅつ)：軸に対して広い角度でつく

シケシダ

<葉質>
葉質は種類ごとに革質、草質、紙質などと表現されることがあるが、それぞれに明確な基準があるわけではない、およそ次のような意味がある

　革質(かくしつ)：厚く硬い
　草質(そうしつ)：やや厚く軟らかい
　紙質(ししつ)：薄くてやや硬い

タマシケシダ

＊<葉の切れ込み>についてはp.14「葉」の項で詳述。
＊**背葉**(はいよう)・**腹葉**(ふくよう)についてはp.39「イワヒバ科」で解説。
＊**浮葉**(ふよう)・**水中葉**(すいちゅうよう)についてはp.67「サンショウモ」で解説。

1 根

シダ植物[注]の根は体を支え、水分を吸収するものであるが、種子植物のような発達した根はもたない。マツバラン類のように根をもたない種類もある。シダ植物の根には種ごとの特徴はなく、分類形質としては重要視されていない。

[注] シダ植物についてはp.224下表に掲載。シダ植物に属するものを一般的にシダと呼ぶ。
＊**担根体**(たんこんたい)についてはp.39「イワヒバ科」で解説。

2 葉

(1) 浅裂〜全裂、単葉と羽状複葉

葉は葉柄と葉身からなる。葉身の縁の切れ込みの状態によって**浅裂**(せんれつ)、**中裂**(ちゅうれつ)、**深裂**(しんれつ)、**全裂**(ぜんれつ)に分ける。葉身全体を表すときは**1回羽状浅裂、1回羽状中裂、1回羽状深裂、1回羽状全裂**という。中裂や深裂などのように羽片や小羽片として独立していなくても葉片としてのまとまりをもつ場合にその部分を**裂片**(れっぺん)という。切れ込みのない葉を**全縁**(ぜんえん)という。

葉身は単葉から複葉までさまざまである。

葉身が切れ込まないか、切れ込んでも羽片が独立しないものを**単葉**(たんよう)という。

葉身が切れ込んで羽片が独立したものを**羽状複葉**(うじょうふくよう)という。羽状複葉には**1回羽状複葉**(または**単羽状複葉**)、さらに独立した羽片が切れ込んだ葉を**2回羽状複葉**、さらには**3回羽状複葉、4回羽状複葉、5回羽状複葉**というのがある。

羽状複葉の切れ込みが進んだ際に認められる最小の裂片を**終裂片**(しゅうれっぺん)という。

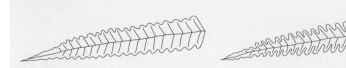

浅裂:辺縁から1/3まで切れ込む　　　中裂:辺縁から1/2まで切れ込む

深裂:辺縁から2/3〜3/4まで切れ込む　　　全裂:葉軸まで切れ込むが独立していない

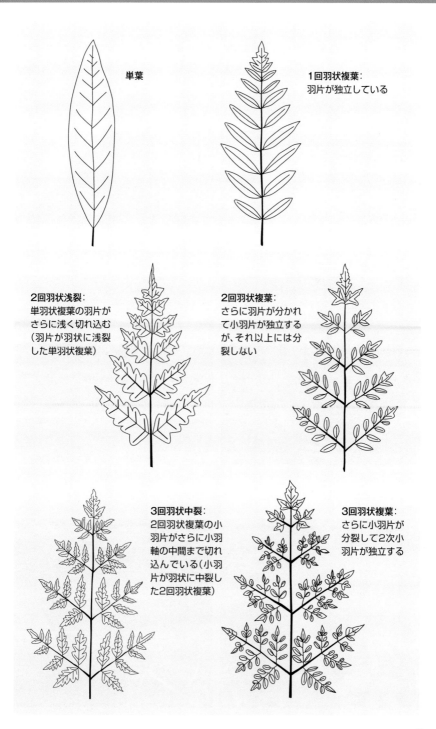

●単葉・全縁

タキミシダ

●単葉・浅裂

ノコギリヘラシダ

●1回羽状複葉

テリハヤブソテツ

●2回羽状浅裂〜中裂

ミゾシダ

●2回羽状中裂

ホシダ

●2回羽状深裂

ハリガネワラビ

第1部　シダ植物の形と用語

●2回羽状深裂〜全裂

シケチシダ

●2回羽状複葉

ヤシャゼンマイ

●3回羽状浅裂

タニイヌワラビ

●3回羽状全裂

オオイタチシダ

●3回羽状複葉

ヌリワラビ

●4回羽状複葉

チバナライシダ

17

第1部　シダ植物の形と用語

(2) 葉脈（脈理）

葉面において葉脈の描き出す模様のことを**脈理**（みゃくり）という。脈理には**遊離脈**（ゆうりみゃく）と**網状脈**（もうじょうみゃく）がある。遊離脈の分岐の仕方は**二岐**（にき）と**羽状**（うじょう）に分けられ、多くの種類は羽状に分岐する。分岐しない脈は**単条**（たんじょう）という。網状脈では葉脈の先が結合する。

* **小脈**（しょうみゃく）：主脈と主脈の間を結ぶ細い葉脈。
* **遊離小脈**（ゆうしょうみゃく）：先端が他の葉脈と結びつかない小脈。
* **結合脈**（けつごうみゃく）：主脈や側脈などの葉脈の間を結ぶ小脈。
* **偽脈**（ぎみゃく）：他の葉脈と結合しない遊離した葉脈状の構造。葉を透かすと脈状に見える。

●遊離脈（羽状）　●遊離脈（単状）

キノクニベニシダ　アオハリガネワラビ

●網状脈

メヤブソテツ

(3) 葉の二形性

シダ類[注1]の葉は表側（向軸側）と裏側（背軸側）の区別があり、普通、葉の裏側に胞子嚢をつけるものが多い。すべての葉に胞子嚢をつけるものもあるが、胞子嚢をつける葉とつけない葉がはっきりと分化しているものもある。胞子嚢をつける葉を**胞子葉**（ほうしよう）または**実葉**（じつよう）、つけない葉は**栄養葉**（えいようよう）または**裸葉**（らよう）と呼ぶ。胞子葉と栄養葉の形が違っている場合、葉は**二形**（にけい）であるという。葉の二形性は顕著な違いのある種とそれほど違わない種がある。部分的に二形となる種もある。

●葉の二形性が顕著

ゼンマイ

●共通の柄（担葉体[注2]）に胞子葉部と栄養葉部をもつ部分的二形

コヒロハハナヤスリ

[注1] シダ類についてはp.224下表に掲載。大葉をもつシダ植物をいう。
[注2] **担葉体**（たんようたい）についてはp.47「ハナヤスリ科」で解説。

●胞子嚢をつける部分だけ
　形が異なる部分的二形

オニゼンマイ

●栄養葉は広く展開し、
　胞子葉は直立気味で
　幅の狭い二形

シシガシラ

3 茎

茎は地上に立ち上がるものは少なく、地表や地中にあることが多い。このような茎を**根茎**（こんけい）という。根茎には直立、斜上、横にはう横走などがある。直立、斜上する茎の葉は放射状につくものが多い。横にはう茎では葉のつく間隔が広いものが多い。

(1) いろいろな根茎

直立型（ちょくりつがた）：オシダ類

斜上型（しゃじょうがた）：ベニシダ類、イノデ類、ヤブソテツ類

横走型（おうそうがた）
　長横走型：ウラボシ類、シケシダ類、カナワラビ類、コバノイシカグマ科
　短横走型：オオヒメワラビ類、オニヒカゲワラビ類

●直立型

オクマワラビ

●斜上型

テリハヤブソテツ

●長横走型

フモトシダ

(2) 地上茎をもつ種類

地上茎をもつ種類は限られるが、以下のようなものがある。

●直立型

ヒカゲヘゴ

●斜上～直立型

トウゲシバ

●横走型

ヒカゲノカズラ

＊**背腹性**（はいふくせい）については p.88「チャセンシダ属」で解説。

4 鱗片と毛

葉柄や葉軸には鱗片や毛が目立つものが多い。鱗片や毛の形状、つき方は種によって特徴がある。

(1) 鱗片－分類上特に重要視される葉柄基部の鱗片－

細胞が2列以上に連なり、平面に広がるものを**鱗片**(りんぺん)という。鱗片の色、部分的濃淡の有無、辺縁の状態などは種ごとに異なる。特に葉柄基部の鱗片は大形で観察しやすく、種類ごとの特徴がよく表れているので同定の鍵として用いられる。以下に代表的な葉柄基部の鱗片を掲載した。カラクサイヌワラビのように中央が濃褐色で辺縁が褐色の二色性が明瞭なもの、イワイタチシダのように反り返って下向きになるもの、アスカイノデのように捻れが著しいもの、チャボイノデのように辺縁が細かく裂けるもの、ツヤナシイノデのように大形で淡い褐色のものなどがある。

イヌワラビ　カラクサイヌワラビ　ヒロハイヌワラビ　ヤマイヌワラビ

サイゴクベニシダ　ベニシダ　マルバベニシダ　イワイタチシダ

オオイタチシダ　シラネワラビ　ナンカイイタチシダ　ヒメイタチシダ

(2) 毛

単細胞あるいは多細胞のものでも1列に配列する、全体として細く平面的な広がりをもたないものを**毛**(け)という。葉軸や葉柄にはしばしば鱗片と混在する。

● ケホシダの葉面と葉軸に密生する毛

● ケブカフモトシダの包膜の毛

● キヨスミヒメワラビの葉柄の毛と鱗片

● フモトシケシダの葉軸の毛と鱗片

* **星状毛**(せいじょうもう)：多細胞性の毛で何本かの細胞が広がって星状になったもの。
* **関節**(かんせつ)：多細胞性毛のなかで細胞壁の厚い細胞からなる節のように見える部分。
* **早落性**(そうらくせい)：短期間のうちに脱落しやすいこと。
* **宿存性**(しゅくぞんせい)：長期にわたって脱落することなく保たれること。

5 胞子・胞子嚢・胞子嚢群・包膜

胞子(ほうし)とは**配偶体**(はいぐうたい)－**前葉体**(ぜんようたい)ともいう－をつくる生殖細胞であり、**胞子嚢**(ほうしのう)という袋状の構造の中で減数分裂によって作られる。胞子嚢が集まったものが**胞子嚢群**(ほうしのうぐん)－**ソーラス**ともいう－である。胞子嚢群をおおう膜状の構造を**包膜**(ほうまく)という。葉面での胞子嚢群の位置、包膜の形は種類ごとに様々である。多くのシダ類の胞子嚢には**環帯**(かんたい)という構造があり、胞子の成熟と乾湿で起こる環帯の運動によって胞子嚢が裂開し内部の胞子が飛散する。

● ナチシケシダの包膜と胞子嚢群

● ミドリヒメワラビの胞子嚢群と胞子嚢

● ナチシケシダの胞子嚢と胞子

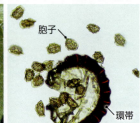

(1) 葉面における胞子嚢群の位置

葉面全体からみたとき、胞子嚢群が全体につくもの（ベニシダ等）、先端近くにつくもの（クマワラビ等）、中部以上につくもの（ミヤマベニシダ等）、下半にだけつくもの（リョウメンシダ等）などがある。

(2) 羽片における胞子嚢群の位置

小羽片をもたない1回羽状複葉では、胞子嚢群は羽片の中肋と辺縁の間に形成される。羽片の全面に散在するものの他に**中肋寄り**(ちゅうろくより)、**辺縁寄り**(へんえんより)あるいは中肋と辺縁の中間(**中間生**：ちゅうかんせい)などがある。

●全面に散在

オニヤブソテツ

●中肋寄り

タニヘゴ

●中間生

キヨズミオオクジャク

●辺縁寄り

オオクジャクシダ

(3) 小羽片や裂片における胞子嚢群の位置

小羽片や裂片をもつシダ類の胞子嚢群は中肋と辺縁の間に形成される。この位置は種ごとにほぼ決まっている。

●中肋寄り

ベニシダ

●中間生

アオハリガネワラビ

●辺縁寄り

オオバショリマ

＊**胞子嚢床**(ほうしのうしょう)については p.59「コケシノブ属」で解説。
＊**胞子嚢穂**(ほうしのうすい)については p.36「ヒカゲノカズラ科」で解説。
＊**胞子嚢果**(ほうしのうか)については p.66「デンジソウ科」で解説。

(4) 葉脈との位置関係

胞子嚢群のつき方には葉縁につく**縁生**(えんせい)と葉の裏側につく**面生**(めんせい)がある。面生のものは葉脈との関係で、葉脈の先端につく**頂生**(ちょうせい)、葉脈の途中につく**背生**(はいせい)－**脈上生**(みゃくじょうせい)ともいう－、葉脈に接してつく**脈側生**(みゃくそくせい)などがある。さらに、頂生の隣り合った胞子嚢群がつながった**複子嚢群**(ふくしのうぐん)、背生の多数の胞子嚢群が線状につながった**連続子嚢群**(れんぞくしのうぐん)などもある。

●頂生　フモトシダ　ミゾシダ　●脈側生　オオカラクサイヌワラビ
●背生(脈上生)　オシダ　●複子嚢群　ホウライシダ　●連続子嚢群　ワラビ

(5) 小羽片における位置の優先関係

小羽片の基部が耳状に突出したところを耳垂という(p.13に解説)。イノデ類の小羽片にはこのような耳垂があり、胞子嚢群が耳垂に優先的につくイノデモドキ、サイゴクイノデなどの種類がある。数個の胞子嚢群が耳垂についたのち、そこから離れた所につく。これに対してイノデやアスカイノデでは耳垂から先の小羽片につく(写真中の○で囲んだ部分が耳垂)。

●サイゴクイノデの耳垂と胞子嚢群　　●イノデの耳垂と胞子嚢群

6 包膜のいろいろ

胞子嚢群を保護する包膜には科ごとにいろいろな形やつくりのものがある。**円形**(えんけい)の包膜(オシダ科)、**円腎形**(えんじんけい)の包膜(オシダ科)、**長楕円形**(ちょうだえんけい)の包膜(シシガシラ科)、長楕円形〜線形の包膜(メシダ科)、脈端を連ねる**線形**(せんけい)の包膜(ホングウシダ科)、さらに**コップ状**(こっぷじょう)の包膜(コケシノブ科、コバノイシカグマ科)、**ポケット状**(ぽけっとじょう)の包膜(コバノイシカグマ科)、**二弁状**(にべんじょう)の包膜(コケシノブ科)などである。一方、コバノイシカグマ科のイワヒメワラビ、イノモトソウ科のイワガネソウやイワガネゼンマイ、ヒメシダ科のミゾシダやゲジゲジシダ、メシダ科のシケチシダなどのように包膜をもたない種類もある。また、イノモトソウやオオバノイノモトソウなどでは葉縁が裏側に巻き込んで胞子嚢群を包む包膜となっている場合もあり、このようなつくりは特に**偽包膜**(ぎほうまく)と呼ばれる。

(1) シケシダ属各種の包膜の縁に見られる特異な形状

シケシダ属の包膜の縁は種ごとに特徴的な形状が認められる。シケシダの包膜は内側に巻き込んで**全縁状**(ぜんえんじょう)であるが、ホソバシケシダでは縁が巻き込むことがなく不規則な**鋸歯状**(きょしじょう)である。ナチシケシダの包膜の縁は著しく不規則に細裂した**歯牙状**(しがじょう)である。

●内側に巻き込んで全縁状　●不規則な鋸歯状　●著しく不規則に細裂した歯牙状

シケシダ　　　　　ホソバシケシダ　　　　ナチシケシダ(右は部分アップ)

(2) 包膜の形とその変化

包膜の形状はシダ類の識別のために重要な形質である。本書の第2部ではできるだけ包膜の形状が確認できる写真の掲載に努めた。しかし、実際に包膜の形状を観察するのは容易ではない。それは包膜が1mm内外と微小であることの他に、観察可能な時期が限られることがある。シダ類の多くは5〜6月ころに包膜が形成されはじめ、1か月間くらいは形を保っている。しかし胞子が成熟してくると、包膜はしだいに変形または萎縮して葉面からはがれて胞子の放出に備え、ついには脱落してしまうものが多い。

観察になれない人たちからは、「包膜がない。形がよくわからない。」という声がしばしば聞かれる。前述のように包膜の観察には適期があって、いつでも観察できるものではないからである。

次ページ以降、胞子成熟前の元の形を保った包膜と、胞子成熟後に包膜が変形または脱落した状態を左右に並べて掲載した。和名とそれぞれの撮影月を6月、11月のように記してある。包膜がはがれて胞子嚢群が現われた葉面のようすは、あたかも別の種類のようでもある。しかし実際には1年のうちの大半は、右側の写真のように包膜が脱落して存在しないか変形したものを観察しているのである。

第1部　シダ植物の形と用語

第1部　シダ植物の形と用語

第1部 シダ植物の形と用語

第1部　シダ植物の形と用語

7 胞子

胞子の形は種によって一定で、大きく2つの型に分けられる。ひとつは楕円状〜腎臓形の型で、**二面体型胞子**(にめんたいがたほうし) — または**両面体胞子**(りょうめんたいほうし) — と呼ばれるものであり、胞子が発芽するときに破る**発芽溝**(はつがこう)が1本の筋になって見える(**単溝**:たんこう)。もう一方は**四面体型胞子**(しめんたいがたほうし)と呼ばれ、丸みを帯びた三角形で、発芽溝が3本ある。これらの発芽溝の数の違いは胞子母細胞の減数分裂の仕方が異なることによって生じ、発芽溝はその分裂のときの割れ目にあたるものである。胞子の表面の模様は、**刺状**(とげじょう)、**膜状**(まくじょう)、**いぼ状**(いぼじょう)などいろいろな形のものがある。以下に22種と5雑種の胞子写真を掲載した。**定型**(ていけい)の種の胞子に対して**雑種**(ざっしゅ)の胞子は大小が混ざり、**不定形**(ふていけい)である点に注意されたい。

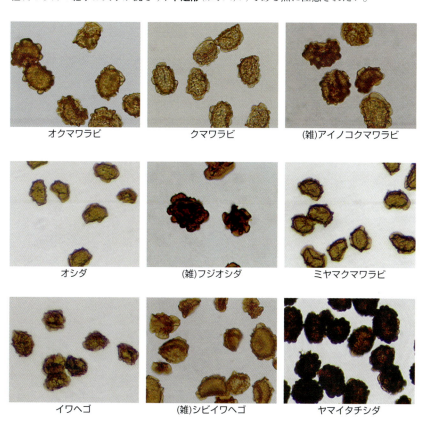

オクマワラビ　　クマワラビ　　(雑)アイノコクマワラビ

オシダ　　(雑)フジオシダ　　ミヤマクマワラビ

イワヘゴ　　(雑)シビイワヘゴ　　ヤマイタチシダ

※写真はキシロールバルサムで封入したプレパラートによる顕微鏡写真。各々の撮影倍率は異なる。
※(雑)は雑種。コヒロハハナヤスリ、ホウライシダ、ナチシダは四面体型胞子、他はすべて二面体型胞子。

---

*大胞子(雌性胞子)(だいほうし・しせいほうし)については p.43「ミズニラ」で解説。
*小胞子(雄性胞子)(しょうほうし・ゆうせいほうし)については p.43「ミズニラ」で解説。
*弾糸(だんし)については p.44「スギナ」で解説。

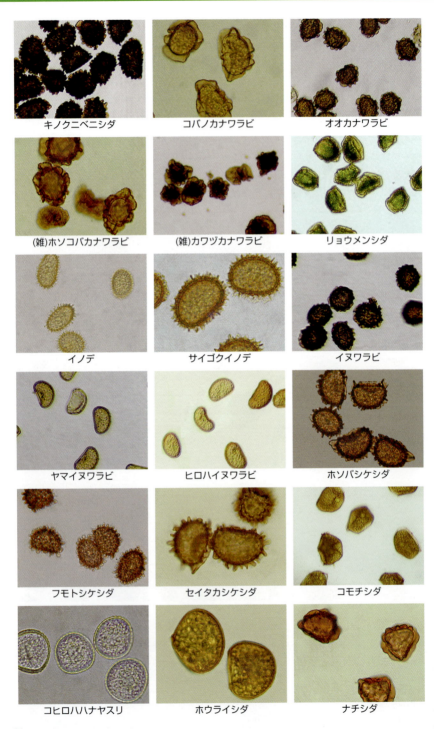

第2部

シダ植物300種

1 ヒカゲノカズラ科　Lycopodiaceae

常緑多年草。葉は小葉。茎は直立するものと長くほふくするものがある。胞子葉は枝の先端近くに密に集まった胞子嚢穂(胞子葉が枝先に多数集まり穂状になったもの)をつくるものと胞子嚢穂のようなまとまりのないものがある。配偶体には、塊状で地中にあって共生菌をもつものと、扁平で地上にあるものとがある。日本に4属。本書では3属を扱う。

1-1
ヒカゲノカズラ属

Lycopodium L.
茎はほふくする栄養茎と直立する胞子茎をもつ。日本に7種。

1-1-01
ヒカゲノカズラ

Lycopodium clavatum L. var. *nipponicum* Nakai

環境:日なたの草地、明るい林床。
分布:北海道〜九州、琉球列島。
生態:常緑多年草。
形態:茎は長くほふくする茎と直立する側枝がある②。側枝はさらに分岐し、葉を密生する③。葉は斜上(狭い角度でつく)または開出(広い角度でつく)する。胞子嚢穂の柄は直立し長さ5〜15cm、先は分岐して胞子嚢穂をつける。胞子嚢穂は長さ2〜10cm④。

①長野県志賀高原 2008.8

②ほふく茎

③ほふく茎の葉

④胞子嚢穂

ヒカゲノカズラ科ヒカゲノカズラ属

1-1-02
アスヒカズラ

Lycopodium complanatum L.

環境:日当たりのよい山地の草地。
分布:北海道、本州、四国。
生態:常緑多年草。
形態:地上茎は長くほふくし、まばらに分岐①②。直立した茎は扁平。葉の先端は刺状。胞子嚢穂は3〜10cmの柄に1〜5個つける①。
和名:アスナロの小枝に似ていることから明日檜葛の意。

①長野県志賀高原 2008.8

②ほふく茎

1-1-03
マンネンスギ

Lycopodium obscurum L.

環境:山地の林床、陽地。
分布:北海道〜九州、屋久島。
生態:常緑多年草。
形態:地上茎は直立し、上部で密に分岐して樹木状となる①③。高さ10〜30cm。枝は葉を密につける②。胞子嚢穂は茎の先端につく①。
和名:スギに似ていて、常緑なので万年杉。

①福島県福島市 2005.8

②葉のつき方　③スギに似る

ヒカゲノカズラ科

1-2
ヤチスギラン属

Lycopodiella Holub
直立する胞子茎は分岐し、葉を密につける。胞子嚢穂は明らか。日本に3種。

1-2-04
ミズスギ

Lycopodiella cernua (L.) Pie. Serm.

環境：日なたの崖地。
分布：北海道～九州、琉球列島。
生態：常緑多年草。
形態：ほふく茎は長くはう。不規則に分岐し、所どころから根を出し、直立した枝に葉を密生する①。胞子嚢穂は小枝の先に1～2個下向きにつく②③。
和名：湿地に生え、葉がスギに似ているので水杉。

①千葉県鴨川市 2005.12

②小枝と胞子嚢穂

③枝先の胞子嚢穂

1-3
コスギラン属

Huperzia Bernh.
茎は直立茎のみ、ほふく茎はない。胞子嚢のつく茎に無性芽をつける。葉腋に腎臓形の胞子嚢をつける。日本に4種。

1-3-05
トウゲシバ

Huperzia serrata (Thunb.) Trevis.

環境：スギ林や照葉樹林の林床。
分布：北海道～九州、琉球列島。
生態：常緑多年草。
形態：茎は地表近くで斜上し、分岐してそれぞれ直立する①。葉は深緑色で少し光沢があり②、紙質から薄い革質。葉腋に腎臓形で黄白色の胞子嚢がつく③。茎の先に無性芽をつける③。

形、大きさに変異があり変種(ホソバトウゲシバ、ヒロハトウゲシバ、オニトウゲシバ)に分けることもある。

①千葉県市原市 2021.1　②葉

③胞子嚢と無性芽

イワヒバ科イワヒバ属

2 イワヒバ科　Selaginellaceae

岩上または地上生。常緑多年草。根は担根体[注]によって茎に接している。葉は小葉で大きさは1cm以下。背葉と腹葉の2種類の葉をもつものが多い。胞子嚢穂をつくる。イワヒバ属のみ。熱帯を中心に分布し日本には17種。

クラマゴケ

タチクラマゴケ

[注]担根体：茎の分岐点に生じ、根と茎の中間的性質をもつ構造物。下方へ伸びて地面に達すると先端から根を生じる。機能など不明な点が多い。イワヒバ科に見られる。

2-1 イワヒバ属

Selaginella L.

イワヒバ属の特徴はイワヒバ科に準ずる。

①千葉県鋸山 2010.4

2-1-01 イワヒバ

Selaginella tamariscina (P. Beauv.) Spring

環境：岩上や岩壁。
分布：北海道〜九州、琉球列島。
生態：常緑多年草。
形態：根が集まって幹のようになる②。高さ20cmに達することがある。枝は仮幹の頂部に放射状につく④。
和名：岩上に生じヒバ（ヒノキ）に似ているので岩檜葉。

②根が集まった仮幹

③枝と葉（背葉と腹葉）

④放射状に広がる枝葉

イワヒバ科イワヒバ属

2-1-02
カタヒバ
Selaginella involvens (Sw.) Spring

環境：岩上、石垣、樹上に着生。地上生もある。
分布：本州〜九州、琉球列島。
生態：常緑多年草。
形態：茎は葉状に分岐。背葉と腹葉がある②。
和名：イワヒバに比べて扁平なので片檜葉。

①千葉県鴨川市 2016.4

②枝と葉

2-1-03
イヌカタヒバ
Selaginella moellendorffii Hieron.

環境：岩上や石垣に着生。
分布：琉球列島。
生態：常緑多年草。
形態：葉の辺縁が白膜状で、先端は芒状になる②。枝先に無性芽をつけることが多い③。観賞用に栽培されたものが逸出して、分布を広げている。

①千葉県栄町 2020.8

②枝と葉

③無性芽

イワヒバ科イワヒバ属

2-1-04
クラマゴケ

Selaginella remotifolia Spring

環境：低地や山麓の林床に群生。
分布：北海道〜九州、琉球列島。
生態：常緑多年草。
形態：地上生で、ほふく茎をマット状に広げる。分岐する所に担根体を生じる。主茎と側枝が明瞭①。葉はまばらにつく①②。枝先に四角柱状の胞子嚢穂をつける③。
和名：京都の鞍馬山で発見されたコケに似た植物の意。

①千葉県佐倉市 2015.10

②枝と葉（背葉と腹葉）

③胞子嚢穂

2-1-05
タチクラマゴケ

Selaginella nipponica Franch. et Sav.

環境：低地や山麓の林床に群生。明るい草地にも生育。
分布：本州〜九州、琉球列島。
生態：常緑多年草。
形態：ほふく茎をマット状に広げる。分岐する所に担根体を生じる。主茎と側枝が不明瞭①。葉は茎に密につく①②。胞子嚢穂は他の部分と似ている③。茎の一部や胞子嚢穂が直立する③。腹葉、背葉の先が凸状にとがるのが近似種とのよい識別ポイントである。

①千葉県佐倉市 2018.11

②茎と葉（背葉と腹葉）

③胞子嚢穂

イワヒバ科イワヒバ属

2-1-06
ヒメクラマゴケ
Selaginella heterostacys Baker

環境:日の当たる石垣や林縁崖。
分布:本州(千葉県以西)〜九州、琉球列島。
生態:常緑多年草。
形態:茎はほふく茎(秋から春)と直立茎(夏から秋)にわかれる①。腹葉は鋭頭〜鈍頭で基部が幅広い三角形状。

①静岡県河津町 2021.4

②ほふく茎と葉(背葉と腹葉)

2-1-07
コンテリクラマゴケ
Selaginella unicinata (Desv. ex Poir.) Spring

環境:林床。
分布:中国原産、国内の暖地で逸出。
生態:常緑多年草。
形態:葉面に紺色の光沢がある①。主茎はほふくし、所どころに側枝と担根体をつける②。腹葉は長楕円形、背葉は狭卵形③。温室の下草や観葉植物として導入されたものが逸出。
和名:葉が紺色に照るので紺照鞍馬苔。

①千葉県山武市 2005.7

②担根体(矢印)

③腹葉と背葉

3 ミズニラ科　Isoetaceae

浅い池沼や湿地に生育する夏緑性シダ。葉は茎の上部から叢生する。葉は小葉、単葉で全縁、葉脈は単条。胞子嚢は葉の基部の膨らんだ部分につく。大きい胞子と小さい胞子との2種類の胞子をもつ。前者を大胞子（雌性胞子）、後者を小胞子（雄性胞子）と呼ぶ。ミズニラ属のみで日本に3種。

3-1 ミズニラ属

Isoetes L.

ミズニラ属の特徴はミズニラ科に準ずる。

① 千葉県市原市 2011.7

3-1-01 ミズニラ

Isoetes japonica A. Braun

環境：浅い池沼や湿地。
分布：本州、四国。
生態：夏緑多年草。
形態：葉は茎の上部から叢生する。葉は単葉で全縁、葉脈は単条。胞子嚢は葉の基部の膨らんだ部分につく。大胞子嚢と小胞子嚢があり、それぞれ大胞子[注]と小胞子[注]をつける③④。
和名：葉がヒガンバナ科のニラに似ているので水韮。

[注] ミズニラでは葉の基部内側に胞子をつけ、大胞子（雌性胞子）と小胞子（雄性胞子）の別がある。大胞子は発芽して造卵器を生じる前葉体となり、小胞子は造精器を生じる前葉体になる。

② 休耕田での群生、千葉県市原市 2011.7

③ 葉の基部の大胞子嚢

④ 大胞子嚢

4 トクサ科　Equisetaceae

茎には節と節間があり、有節類として分類される。節間には縦方向にたくさんの溝がある。節間は中空。葉は葉脈1本。葉の基部が合着して葉鞘になる。葉鞘の先は歯芽状。胞子をつける茎の先端部に胞子嚢が集まった胞子嚢穂をつける。日本にはトクサ属のみ1属9種。

スギナ

トクサの茎

スギナの胞子嚢穂

4-1
トクサ属

Equisetum L.

トクサ属の特徴はトクサ科に準ずる。

4-1-01
スギナ

Equisetum arvense L.

環境：明るい草地、道端。
分布：北海道〜九州、琉球列島。
生態：夏緑多年草。
形態：栄養茎と胞子茎があり、胞子嚢穂は胞子茎（つくし）につく①②。主軸の葉鞘にくらべて枝の葉鞘は長い（次頁下段に写真）。地下茎は有毛③。胞子には弾糸といわれる腕状の構造がある④。

①栄養茎、千葉県印西市 2020.4

②胞子茎、千葉県横芝光町 2013.4

③地下茎の毛

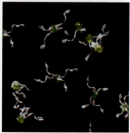
④胞子

トクサ科トクサ属

4-1-02
イヌスギナ
Equisetum palustre L.

環境：明るい草地。
分布：北海道、本州。
生態：夏緑多年草。
形態：地上茎の上部の枝葉が短く先は尾状に伸びる①。胞子嚢穂は先端部につく②。主軸の葉鞘にくらべて枝の葉鞘は短い（本頁下段に写真）。地下茎は無毛③。

①千葉県酒々井町 2005.5

②胞子嚢穂

③地下茎（無毛）

スギナとイヌスギナの葉鞘部の比較

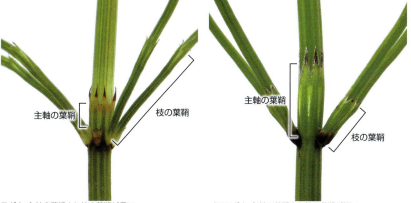

スギナ：主軸の葉鞘より枝の葉鞘が長い　　イヌスギナ：主軸の葉鞘より枝の葉鞘が短い

45

トクサ科トクサ属

4-1-03
イヌドクサ

Equisetum ramosissimum Desf.

環境：乾燥した道端。
分布：本州〜九州、琉球列島。
生態：常緑多年草。
形態：地上茎は節で分岐することがある①②。胞子嚢穂は茎の先端につく③。地上茎の太さは3〜5mmとトクサより細い。

①千葉県成田市 2005.7

②千葉県印西市 2012.5

③胞子嚢穂

4-1-04
トクサ

Equisetum hyemale L.

環境：やや湿った林床、林縁。
分布：北海道〜九州。
生態：常緑多年草。
形態：地上茎は分岐しない①。胞子嚢穂は茎の先端につく②。地上茎の太さは5〜10mm。

②胞子嚢穂

①東京都奥多摩町 2020.6

ハナヤスリ科ハナヤスリ属

5 ハナヤスリ科　Ophioglossaceae

主に地上生。夏緑性または冬緑性。芽立ちはわらび巻きをしないで直立する。1枚の葉に栄養活動をする部分と、胞子活動をする部分がある。ここでは便宜的にそれらを栄養葉、胞子葉と呼ぶ。栄養葉と胞子葉の葉柄の基部は共通であり、この部分を担葉体と呼ぶ。胞子葉は栄養葉の表側(向軸側)に生じるので、葉は立体的構造となる。配偶体は地中にあって、菌根菌との共生が知られている。日本に3属あり、ここでは2属を扱う。

▲ハナヤスリ科の形態的特徴（フユノハナワラビ）

①海浜植物と混生、千葉県銚子市 2012.7

②標本：宮城県亘理町 1991.8　③コハナヤスリ、標本：千葉県沼南町 1991.6

5-1
ハナヤスリ属

Ophioglossum L.
栄養葉は単葉で網状脈。胞子葉は分岐しない。胞子嚢は軸に半分埋まった状態でつく。日本には8種1雑種。名は胞子葉の形状をやすりに見立てた。

5-1-01
ハマハナヤスリ

Ophioglossum thermale Kom.
環境：日当たりのよい砂地や草地。海岸、川原の砂地。
分布：北海道〜九州、琉球列島。
生態：夏緑多年草。
形態：胞子葉の高さは8〜15cm。栄養葉は鋭頭から円頭。基部は次第に狭くなり胞子葉の柄と合体する。葉脈には二次脈が発達しない。葉は紙質①②。③：雑コハナヤスリ *O. petiolatum* Hook.× *O. thermale* Kom. 形態はハマハナヤスリに似ている。栄養葉はやや幅が広いが小形。内陸の草地に生じる。本州〜九州、琉球列島に分布。近年ハマハナヤスリとコヒロハハナヤスリの雑種と推定された。

ハナヤスリ科ハナヤスリ属

5-1-02
ヒロハハナヤスリ

Ophioglossum vulgatum L.

環境：草地や林床、林縁に群生。
分布：北海道〜九州、種子島。
生態：夏緑多年草。4月に葉を生じ6月ころ胞子が成熟し夏に枯れる。
形態：根茎はあまり発達しない。胞子葉の高さ10〜20cm。栄養葉は長さ6〜12cm、基部は胞子葉の柄を包む①②。葉はやや軟らかい紙質から草質。葉脈は細かい網目で二次脈もはっきりしている。胞子にはこぶ状突起がある③。

①千葉県市原市 2022.4

②胞子葉と栄養葉

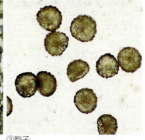
③胞子

5-1-03
コヒロハハナヤスリ

Ophioglossum petiolatum Hook.

環境：林内、林縁や原野に群生。
分布：本州〜琉球列島、小笠原諸島。
生態：夏緑多年草。4月に葉を生じ秋に枯れる。
形態：胞子葉の高さは8〜20cm。栄養葉は長さ3〜6cm①、基部は急に狭まり短い柄をもつ②。葉は薄い紙質か草質。葉脈は粗い網目で二次脈はあまり発達しない①②。胞子は平滑③。

①千葉県佐倉市 2006.6

②栄養葉基部

③胞子

ハナヤスリ科ハナヤスリ属

5-1-04
トネハナヤスリ
Ophioglossum namegatae M. Nishida et Kurita

環境：河川の氾濫原に群生。
分布：本州
生態：夏緑多年草。葉は4～6月まで見られ、夏には地上部は消える。
形態：胞子葉の高さは8～20cm、栄養葉は長さ3～11cm、基部はくさび形①②。葉脈は細かい網目で、二次脈が明瞭①。

①千葉県横芝光町 2020.4　②胞子葉と栄養葉

多古光湿原のハナヤスリ類

千葉県北東部に「多古光湿原」と呼称される広大な面積を有する湿原がある（写真上）。ここは古くから藁屋根に使用するための萱刈場として利用されてきたが、近年は放置されている。湿原にはムジナスゲ、エゾツリスゲ、ヌマクロボスゲ、カキツバタ、コオニユリ、アゼオトギリ等、千葉県の保護上重要な野生生物に指定される複数の稀少植物が生育している。この優れた植物相の保護を目指して組織された多古光湿原保全会が刈り払いなどの保全活動を継続したところ、湿原の一角に足の踏み場もないほど多数のトネハナヤスリ、コヒロハハナヤスリの群生が復元した（写真左）。

5-2
ハナワラビ属

Botrychium Sw.

栄養葉は1〜4回羽状に分岐。最下羽片1対が大きいので3出複葉のように見える。葉脈は遊離脈。胞子葉は1〜2回羽状に分岐する。日本に13種2変種。胞子葉を花に見たてて花蕨。

5-2-05
ナツノハナワラビ

Botrychium virginianum (L.) Sw.

環境：疎林の林床、林縁。
分布：北海道〜九州。
生態：夏緑多年草。
形態：栄養葉から胞子葉が突き出たように見える①。胞子葉の高さは20〜70cm。栄養葉は淡い鮮緑色、辺縁は深裂または鋸歯縁②。

②栄養葉

①福島県天栄村 2011.5

5-2-06
ナガホノナツノハナワラビ

Botrychium strictum Underw.

環境：疎林の林床、林縁。
分布：北海道〜九州。分布の中心はナツノハナワラビより寒冷な地域。
生態：夏緑多年草。
形態：胞子葉は高さ30〜70cm、穂状で細長い①。担葉体は15〜25cm。栄養葉は薄い草質で深緑色、裂片の辺縁は鈍鋸歯②。

①千葉県山武市 2006.7

②栄養葉の羽片

ハナヤスリ科ハナワラビ属

①千葉県佐倉市 2012.9

③胞子葉

②栄養葉の裂片

5-2-07
オオハナワラビ

Botrychium japonicum (Prantl) Underw.

環境：やや湿った林床。
分布：本州〜九州。
生態：冬緑多年草。
形態：胞子葉の高さは30〜50cm、担葉体は短い。栄養葉の柄は長く葉身は五角形、鋭頭①。裂片は狭楕円形、鋭頭から鋭尖頭、辺縁は鋭鋸歯②、冬期に赤味を帯びるが裏側は赤くならない。胞子葉は2〜4cmの柄の上に円錐花序的に胞子嚢群をつける③。

①千葉県香取市 2021.2

②群生、東京都伊豆大島 2005.2　③栄養葉

5-2-08
シチトウハナワラビ

Botrychium atrovirens (Sahashi) M.Kato

環境：やや湿った林床。
分布：本州（伊豆諸島・関東地方以西）〜九州、屋久島。
生態：常緑多年草。
形態：オオハナワラビによく似ている①。栄養葉は薄い革質、裂片は不規則な鈍鋸歯縁③。裂片の幅や形に変異があり、細分されることがある。

ハナヤスリ科ハナワラビ属

5-2-09
アカハナワラビ
Botrychium nipponicum Makino
環境：明るい林床。竹・笹の林床。
分布：北海道～九州。
生態：冬緑多年草。
形態：胞子葉の高さは20～35cm、担葉体は短く栄養葉は長い柄をもつ①。葉身は長さ・幅10cm内外。栄養葉は草質。裂片は長楕円形から披針形、鋭鋸歯縁③。冬期には葉の表裏とも赤味を帯びる②。胞子葉は栄養葉よりはるかに長い①。

①東京都八王子市 2007.10

②冬期の羽片 2009.2

③秋期の羽片 2007.10

5-2-10
フユノハナワラビ
Botrychium ternatum (Thunb.) Sw.
環境：明るい林床、草地。
分布：北海道～九州、種子島、小笠原諸島。
生態：冬緑多年草。
形態：根茎は短く直立。胞子葉の高さは15～40cm。担葉体は短い。栄養葉は3回～4回羽状深裂、やや厚い草質②。胞子葉は円錐状で栄養葉より長い①。

①千葉県市原市 2010.10

②冬期の栄養葉 2019.10

③萌芽 2007.9

6 マツバラン科　Psilotaceae

熱帯から亜熱帯の樹幹や石垣に着生。常緑多年草。根と葉がなく、地下茎と地上茎がある。配偶体や地下茎に内生菌が共生する。配偶体は地中にあって塊状。日本には1属1種。

6-1
マツバラン属

Psilotum Sw.
マツバラン属の特徴はマツバラン科に準じる。

6-1-01
マツバラン

Psilotum nudum (L.) P. Beauv.

環境：樹幹や岩に着生。暖地では樹幹への着生が多い。
分布：本州〜九州、琉球列島。
生態：常緑多年草。
形態：地上茎は二叉分岐をする。分岐するごとに90度ずつずれるので立体的になる①。地上茎には所どころに突起がみられる⑤。この突起は、内部構造から維管束がなく、葉ではない。胞子嚢群は鱗片状の突起の上に生じる②③。地下茎は褐色の毛を密生する④。
和名：植物体の形状を松の葉に見立てて松葉蘭。江戸時代に園芸家に好まれ多くの品種が作られた。

①サクラの樹幹に着生、千葉県東金市 2013.9

③胞子嚢群　⑤地上茎の突起

②地上茎と胞子嚢群、千葉県鴨川市 2017.11　④地下茎

正当な評価をされたマツバラン

マツバランは、かつては化石植物のRhynia（古生マツバラン類）の直接の子孫と考えられていた。Rhyniaは約4億1千万年前の化石として知られる祖先的な維管束植物で、胞子で繁殖する。このRhyniaとマツバランの外形が似ているのである。しかし、Rhyniaからマツバランに至る化石は見つからず、組織の詳細な研究によっても、両種を直接結びつける証拠が見つからなかった。
一方、近年の遺伝子解析から、マツバランはハナヤスリ類に近い種であることが判明した。
かつての図鑑ではマツバランを最も祖先的なシダと位置づけ、分類順の最初に掲載されることが多かった。

Rhyniaの想像図▶

7 リュウビンタイ科　Marattiaceae

大形の常緑多年生シダ植物。熱帯や亜熱帯に分布の中心がある。根茎は塊状で、葉を数枚叢生する。胞子嚢の形成が、ハナヤスリ科・マツバラン科と同様に複数の細胞が関与している。このような胞子嚢をもつグループを真嚢シダ類と呼ぶ(p.223)。配偶体は地上にある。菌根菌との共生が知られている。日本には2属。

7-1
リュウビンタイ属

Angiopteris Hoffm.
リュウビンタイ属の特徴はリュウビンタイ科に準じる。日本に4種。

7-1-01
リュウビンタイ

Angiopteris lygodiifolia Rosenst.

環境：多湿な森林。
分布：本州(関東以西)〜九州、琉球列島。
生態：常緑多年草。
形態：塊状の根茎の周囲は托葉状のひだが残存。葉は叢生し3mに達することもある①。葉柄は太く径数cmになり、表面に線状の縞模様を生じる③。胞子嚢群は小脈の先端近くに2列に並ぶ②④。小脈と小脈の間に偽脈が見られる④。
和名：根茎の周りの托葉の重なり合うようすを龍の鱗にたとえて名付けられたという説がある。漢字では龍鬢帯または龍鬢苔と記す。

①千葉県館山市 2020.7

②羽片の裏側、胞子嚢群

③葉柄の縞模様

④偽脈と胞子嚢群

8 ゼンマイ科　Osmundaceae

胞子葉と栄養葉は二形か部分二形。葉身は1回〜2回羽状複葉。新葉はゼンマイ状に巻く。根茎や葉に鱗片はない。胞子嚢は大形で縦方向に裂開する。胞子は四面体型で葉緑体を含む。日本に2属5種が分布する。

8-1 ゼンマイ属

Osmunda L.
成熟した栄養葉または胞子嚢をつけない羽片の裏側や辺縁に綿毛は残らない。

8-1-01 ゼンマイ

Osmunda japonica Thunb.
環境：林内、河岸。
分布：北海道〜九州、琉球列島。
生態：夏緑多年草。
形態：葉は二形①②。葉身は2回羽状複葉③。小羽片は長楕円状披針形から広披針形、基部は切形から丸いくさび形で左右対称ではない④。胞子嚢は羽軸にブドウの果実のようにつく⑤。

①千葉県佐倉市 2020.4

②展開途中の胞子葉と栄養葉

③栄養葉

④羽片

⑤胞子嚢群（裂開前）

ゼンマイ科ゼンマイ属

8-1-02
ヤシャゼンマイ

Osmunda lancea Thunb.

環境：渓流沿いの岩上や岩のすき間。
分布：北海道〜九州。
生態：夏緑多年草。
形態：葉は二形②。栄養葉は2回羽状複葉①。ゼンマイと比較して小羽片は狭披針形で先端も基部も鋭尖形で、流水に適応した流線形。羽片は葉軸から、小羽片は羽軸から斜上し③、基部は左右対称③。葉質はやや厚い。

①山梨県大月市 2021.5

②葉の展開時

③羽片

8-1-雑
オオバヤシャゼンマイ（オクタマゼンマイ）

Osmunda ×*intermedia* (Honda) Sugim.

環境：川岸や渓流沿いの疎林下、岩上。
分布：北海道〜九州。
生態：夏緑多年草。
形態：ゼンマイとヤシャゼンマイの雑種。栄養葉は2回羽状複葉①。栄養葉の小羽片はヤシャゼンマイよりも丸みをもち、ゼンマイとそれとの中間形を示す②。葉は二形であるが正常な胞子葉を形成することはまれ。胞子の一部は生殖能力がある。

①静岡県裾野市 2011.8

②羽片

ゼンマイ科

①栄養葉と黒褐色の胞子葉、山梨県北杜市 2021.5

②栄養葉

③胞子葉

8-1-03
オニゼンマイ

Osmunda claytoniana L.

環境：林内、湿地。
分布：本州(福島県、関東、中部)。
生態：夏緑多年草。
形態：葉は部分二形。胞子葉は中ほどから下部の羽片が胞子嚢をつける①。栄養葉は2回羽状深裂、羽片の先端は鈍くとがる②。胞子が飛んだ後の胞子葉は黒褐色となる③。

8-2
ヤマドリゼンマイ属

Osmundastrum C. Presl
成熟した栄養葉の裏側や辺縁に綿毛が残る。

①栄養葉と赤褐色の胞子葉、群馬県谷川岳 2006.7

②羽片

③栄養葉に残る綿毛

8-2-04
ヤマドリゼンマイ

Osmundastrum cinnamomeum (L.) C. Presl var. *fokiense* (Copel.) Tagawa

環境：山地の湿原。
分布：北海道〜九州、屋久島。
生態：夏緑多年草。
形態：葉は二形①。栄養葉は2回羽状深裂。羽片の先端はとがる②。成熟した栄養葉はほとんど無毛となるが、裏側や辺縁に綿毛が残る③。胞子が飛んだ後の胞子葉は赤褐色となる①。

9 コケシノブ科　Hymenophyllaceae

山地林内や沢沿いの日陰の湿った岩場などに着生するものが多く、葉身は葉脈を除いて普通1細胞層で薄く、光に当てると透けて見える。根茎は針金状のものが多く、鱗片はなく、毛がある。胞子嚢群は葉の辺縁に生じ、コップ状または二弁状（二枚貝状）の包膜をもつ。日本に8属が分布。
本書で扱うのはコケシノブ属、アオホラゴケ属、ハイホラゴケ属に含まれる種の一部である。

コップ状の包膜　　　二弁状の包膜　　　胞子嚢床

根茎。針金状で毛がある

シダの適地：ウチワゴケ（アオホラゴケ属）の好む照葉樹林

スギ林などの人工林と異なり、照葉樹が主体となる自然林では発達した林冠が隙間なく連なって塞がり（写真左）、林内は十分な湿度が保たれる。スダジイの巨木にはしばしばその樹幹に着生するウチワゴケ（写真右）が見られる。着生位置はいずれも北側であるから、方向に迷ったときなどに手がかりになる。コケシノブ科のシダはどれも谷川沿い、湿潤な斜面、岩崖など空中湿度の高い環境を好む。

林冠の発達するスダジイ林　　　ウチワゴケ

コケシノブ科コケシノブ属

9-1
コケシノブ属

Hymenophyllum Sm.

日本に9種。根茎は長くほふくし、針金状で、明るい色の毛にまばらにおおわれる。包膜は普通二弁状で、胞子嚢床(複数の胞子嚢を支えている構造)が包膜から突出することはまれ。配偶体はリボン状。

①東京都奥多摩町 2019.10

9-1-01
コウヤコケシノブ

Hymenophyllum barbatum (Bosch) Baker

環境：樹幹や岩上に着生。まれに地上。
分布：本州〜九州、琉球列島。
生態：常緑多年草。
形態：葉身は卵形〜広披針形で隙間が少ない①。葉縁に鋸歯がある②。葉裏の葉軸上には淡褐色で多細胞の毛がある③。包膜は二弁状で上側の縁に鋸歯がある④。胞子嚢群は葉の先に集まることが多い⑤。

②葉縁　　③葉軸の毛

④包膜と胞子嚢群　　⑤胞子嚢群

9-1-02
キヨスミコケシノブ

Hymenophyllum oligosorum Makino

環境：樹幹に着生。
分布：本州(関東以南)〜九州、屋久島。
生態：常緑多年草。
形態：葉身は卵状長楕円形〜卵状披針形で全縁②。葉裏の葉軸上には淡褐色で多細胞の毛がある②。包膜は二弁状で全縁〜波状縁③。

①茨城県北茨城市 2013.10

②葉身の裏側、葉軸の毛　　③包膜と胞子嚢群

コケシノブ科コケシノブ属

9-1-03
コケシノブ

Hymenophyllum wrightii Bosch

環境：樹幹や岩上に着生。
分布：北海道〜九州。
生態：常緑多年草。
形態：葉身は卵状長楕円形〜三角状卵形。裂片は狭い線形で幅はやや広く全縁①。裂片は葉軸から30〜45度の角度で斜上する①②。包膜は二弁状で全縁②。

①長野県志賀高原 2006.7

②裂片と包膜

9-1-04
ヒメコケシノブ

Hymenophyllum coreanum Nakai

環境：樹幹や岩上に着生。
分布：北海道〜九州、屋久島。
生態：常緑多年草。
形態：葉身は小形で卵形〜楕円形。葉の裂片はやや重なり合い、全縁①③。胞子嚢群は葉の先端に集まってつき、包膜は全縁②③。葉の裏側の葉軸は無毛③。

①山梨県北杜市 2021.11

②裂片と包膜

③葉の裏側

コケシノブ科

9-1-05
ホソバコケシノブ

Hymenophyllum polyanthos (Sw.) Sw.

環境：樹幹や岩上に着生。まれに地上。
分布：本州〜九州、琉球列島。
生態：常緑多年草。
形態：葉身は細長く、細かく切れ込む①。裂片は葉軸から45〜70度の角度で斜上し、全縁②。包膜は二弁状で全縁③。葉裏の葉軸は無毛③。包膜は葉の中部から上部に散らばってつく①②。

①山梨県北杜市 2020.11

②羽片と包膜

③裂片と包膜

9-2
アオホラゴケ属

Crepidomanes (C. Presl) C. Presl

日本に10種。包膜は少なくとも基部はコップ状で、先端部は二弁状になる場合がある。胞子嚢床が包膜から長く突出することが多い。配偶体は糸状。

9-2-06
アオホラゴケ

Crepidomanes latealatum (Bosch) Copel.

環境：樹幹や岩上に着生。
分布：本州〜九州、琉球列島、小笠原諸島。
生態：常緑多年草。
形態：葉身は2回〜3回羽状複葉で、終裂片は長い線形で鈍頭①②。葉は全縁ときに波状③④。葉の裂片の辺縁に短い偽脈がある④。包膜の基部はコップ状、上半部は二弁状③。

①千葉県鴨川市 2020.2

②羽片

③コップ状の包膜

④裂片と辺縁の偽脈

偽脈

コケシノブ科

9-2-07
ウチワゴケ

Crepidomanes minutum (Blume) K. Iwats.

環境：樹幹や岩上に着生。
分布：北海道〜九州、琉球列島。
生態：常緑多年草。
形態：葉身はウチワ形の単葉。辺縁は不規則に浅裂〜深裂し、掌状になる。マット状に群生することが多い①。包膜はやや長めのコップ状②。

①千葉県大多喜町 2020.6　②包膜

9-3
ハイホラゴケ属

Vandenboschia Copel.

日本に11種4雑種。根茎は長くほふくし、黒〜茶褐色の毛で密におおわれる。包膜は普通コップ状で、胞子嚢床が包膜から長く突出することが多い。配偶体は糸状。

9-3-08
ハイホラゴケ

Vandenboschia kalamocarpa (Hayata)

環境：崖地や岩上。
分布：本州（伊豆諸島、伊豆半島以西）〜九州、琉球列島、小笠原諸島（父島）。
生態：常緑多年草。
形態：葉身は2〜3回羽状に切れ込み、終裂片は長い線形で鈍頭、葉縁は全縁②。包膜はコップ状③。根茎は黒褐色の毛を密生④。

①千葉県鴨川市 2021.2

②羽片と包膜　③裂片と包膜

④根茎

従来ハイホラゴケに同定されていた個体の多くは、近年の研究で他種（ヒメハイホラゴケ、オオハイホラゴケ）との雑種あるいは雑種起源の系統であり、純粋なハイホラゴケの分布は太平洋岸の暖地に限られることが明らかにされている。本書では広義のハイホラゴケとして掲載する。

10 ウラジロ科　Gleicheniaceae

常緑性。根茎は長くほふくし、数メートルに達することもある。葉は羽状に分岐するが見かけ上は二叉分岐となる。葉の裏側は白い。葉脈は遊離。胞子嚢群は葉脈の背につき、包膜はない。分布の中心は熱帯〜亜熱帯で日本には2属が分布する。

10-1
ウラジロ属

Diplopterygium (Diels) Nakai
ウラジロ科の特徴のほか、根茎と葉には毛と鱗片をもつ。日本に2種。

10-1-01
ウラジロ

Diplopterygium glaucum (Houtt.) Nakai

環境：山地の日当たりのよい林床、崖。
分布：本州〜九州、琉球列島。
生態：常緑多年草。
形態：下のコラムに別記。
和名：葉の裏が白いので裏白の意。

正月の飾りに用いられる地域があり、その地域ではウラジロを単にシダと呼ぶことが多い。

①千葉県いすみ市 2020.6　②羽片の裏側、胞子嚢群

ウラジロの特異的な成長

ウラジロ、コシダ、カニクサの成長は、他のシダ植物に比べて特異的である。まずウラジロを見てみよう。

根茎から伸びた葉の葉軸は先端で2つの羽片を伸ばす。羽片の間（葉軸の先端部）には鱗片におおわれた芽を生じる。この芽は翌年まで成長を休止する（休止芽）①。休止芽は翌春伸長を始め、やがて先端部に1対の羽片を伸ばす。このとき中央には次の休止芽ができている。このようにして、およそ1年に1対の羽片を伸ばしながら成長する②。大きなウラジロは高さ2m以上になり、古くなった下部の羽片から枯れていく。

①羽片の間の鱗片におおわれた芽(6月)

②2年を経過したウラジロ

10-2
コシダ属

Dicranopteris Bernh.
ウラジロ科の特徴のほか、根茎と葉には毛はあるが鱗片はない。日本に1種。

10-2-02
コシダ

Dicranopteris linearis (Burm.f.) Underw.

環境：山地の日当たりのよい林床、崖。
分布：本州(福島県以南)〜九州、琉球列島。
生態：常緑多年草。
形態：下のコラムに別記。
和名：ウラジロに似て、より小形のシダの意。

葉柄を編んで民芸品として利用される。

①千葉県市原市 2011.6

②群生、千葉県鴨川市 2007.3

③羽片の裏側、胞子嚢群

コシダの成長はウラジロにちょっと似ている

コシダも一見ウラジロとよく似た羽片の展開が見られるが、成長過程は異なる。
根茎から伸びた葉の葉軸の先端に1対の羽片を生じる。これはウラジロと同じである。コシダの場合は羽片の間の軸が二叉して2本の軸が成長し、それぞれの軸の先に1対の羽片をつける②。さらにこの間から2本の軸を出し、これを繰り返して成長する③。

①軸が二叉に分かれる(6月)

②羽片の間の軸が二叉に分かれる

③3度の分岐をしたコシダ

11 カニクサ科　Lygodiaceae

地上性で根茎はほふくする。葉の葉軸が長く伸びてつるになり、他物にからみつく。夏緑多年草。小羽片は掌状に浅～深裂する。頂裂片は長い。つるの先のほうの羽片に胞子嚢群をつける。胞子嚢群は辺縁につき、成熟すると下面に巻き込む。葉脈は遊離する。日本に1属。

11-1 カニクサ属

Lygodium Sw.
カニクサ科の特徴に準ずる。日本に2種。

11-1-01 カニクサ（ツルシノブ）

Lygodium japonicum (Thunb.) Sw.
環境：林縁、路傍、崖。
分布：本州（福島県以南）～九州、琉球列島。
生態：夏緑多年草。
形態：葉軸はつる状に数mまで伸び、他物にからみつく①②。葉軸から羽片を出す。羽片が二叉した小羽片の間に不定芽をつける⑥。不定芽は通常は休止しているが、葉軸が損傷すると成長を始める。ウラジロの休止芽に似ている。
和名：このつるでカニを釣ったことから蟹草とされる。カニ（皮膚病）を治すのに用いられた薬草からとの説もある。

①地上部全形、1枚の葉

②アズマネザサにからみつく、千葉県成田市 2004.1

③つるの先の羽片につく胞子嚢群

④辺縁の胞子嚢群

⑤羽片は短い軸の先につく

⑥不定芽

12 デンジソウ科　Marsileaceae

水田や池沼などに生育する。泥中に根を下ろして葉柄を立て、その先に4枚の羽片を十文字形につける。葉脈は網目状。葉柄のもとのほうに胞子嚢果（胞子嚢の集まりを包む袋状の構造）をつける。日本に1属。

12-1
デンジソウ属

Marsilea L.
デンジソウ科の特徴に準ずる。日本に2種。

12-1-01
デンジソウ

Marsilea quadrifolia L.
環境：水田や池沼に群生。
分布：北海道〜九州。
生態：夏緑多年草。
形態：4枚の羽片が十文字につく②。胞子嚢果は葉柄の基部から1cmほど上部につき柄をもつ③。胞子嚢果をつけていない個体はナンゴクデンジソウと区別は困難。
和名：4枚の羽片が田の字に見えることから田字草。

①千葉県市原市 2011.7

②羽片

③胞子嚢果

近年では絶滅危惧種に指定されている都道府県が多い。観賞用水草として利用されているウォータークローバーは近縁種。

12-1-02
ナンゴクデンジソウ

Marsilea minuta L.
分布：九州、琉球列島。近年、逸出して関東でも確認されている。
生態：常緑多年草。
形態：デンジソウに似るが、胞子嚢果が葉柄基部に生じることで区別できる②。

①水田に生える

②胞子嚢果

13 サンショウモ科　*Salviniaceae*

浮遊性で小形の水生シダ。日本に2属。

①千葉県成田市 2006.10

②水中葉、胞子嚢群

③前葉体

13-1
サンショウモ属

Salvinia Seg.
茎は伸びて所どころで分岐し根はない。日本に1種だが、ほかに栽培種が逸出している。

13-1-01
サンショウモ

Salvinia natans (L.) All.
環境：水田や池沼に群生。
分布：本州～九州。
生態：1年生水草。茎が切れると栄養繁殖し水面をおおうことがある。
形態：葉は3列に輪生、うち2列は対生し水面に浮葉①、残りの1列は水中に沈む水中葉②。浮葉は緑色、表面に毛状突起がある。水中葉は細かく分岐して根状で養分を吸収する②。胞子嚢群は水中葉につき球状②。

各地で絶滅危惧種に指定されている。

サンショウモの新天地

台地からの浸透水や湧水で潤う谷津田などで、古くから普通に見られたサンショウモが急激に姿を消している。かつて一年中ぬかるんだ湿田は、大型農機が出入りしやすいように暗渠排水やコンクリートのU字溝が施され、水はけのよい乾田に変わった。低平地の池沼等にも生育場所があったが、富栄養化の進行や護岸の整備などで適正な環境を失った。

身近にサンショウモはみられなくなったと思っていたが、蓮根の産地として名高い茨城県南部の蓮田でウキクサ類と混生しているのをみつけた。蓮田は一年中過湿で、常に冠水したままの箇所もあるからサンショウモには好都合の環境なのであろう。今は稀少となったサンショウモは、この新天地でこの先も長く子孫を維持してくれるに違いない。

写真上：茨城県新利根町 2008.7 蓮田に高い被度で生育するウキクサ類。その中にサンショウモ、オオアカウキクサ類が混生
写真下：茨城県新利根町 2008.7 混生するサンショウモ、ウキクサ（大形）、コウキクサ（中形）、ミジンコウキクサ（小形）

13-2
アカウキクサ属

Azolla Lam.
浮葉性の小形の水生シダ。茎は水面を伸びて分岐し葉と根をつける。根は分岐して水中。葉は水面に瓦状に集まって互生。上側の裂片の裏側の粘液中に藍藻類のアナベナが共生し、窒素固定を行う。秋から冬に紅葉する。胞子嚢群は側枝の第1葉の下側につく。

13-2-02
オオアカウキクサ

Azolla japonica (Franch. et Sav.) Franch. et Sav. ex Nakai
環境：水田や池沼に群生。
分布：本州〜九州(東日本に多い)。
生態：冬期は先端部を残して枯れる。
形態：茎は羽状に分岐し、葉は瓦状に重なって密につく①。根は根毛がない。水田からほとんど姿を消した。

①オオアカウキクサ類、千葉県市原市 2010.10

②オオアカウキクサ類群生、千葉県銚子市 2005.5

ややこしいアカウキクサのなかま

東日本に多く分布しているオオアカウキクサに対して、よく似て西日本に偏って分布している種をニシノオオアカウキクサ*A. filiculoides* Lam.と呼んでいる。またよく似たアメリカ大陸原産のアメリカオオアカウキクサ*A. cristata* Kaulf.が帰化して、繁殖し、特定外来生物に指定されている。さらにアメリカオオアカウキクサとニシノオオアカウキクサの人工交雑種(アイオオアカウキクサ)が、アイガモ農法に用いられ、栄養繁殖して各地に野生化している。

アイオオアカウキクサ

14 キジノオシダ科　Plagiogyriaceae

胞子葉と栄養葉は二形。毛や鱗片はない。葉身は単羽状。胞子嚢はやや隆起した脈に沿って胞子嚢群をつくり、包膜はない。葉柄の断面は、基部では3本の維管束がU字またはV字形に並び、先端よりでは癒合して1本になる。現生種はキジノオシダ属のみからなる。従来、分類上の位置づけがはっきりしなかった科であるが、木生シダの系統（ヘゴ目）の一員であることが明らかになっている。

①千葉県君津市 2021.2

14-1 キジノオシダ属

Plagiogyria (Kunze) Mett.
キジノオシダ科の特徴に準ずる。日本に6種2変種3雑種。

14-1-01 キジノオシダ

Plagiogyria japonica Nakai

環境：山地の林内。
分布：本州〜九州、琉球列島。
生態：常緑多年草。
形態：側羽片は無柄で鎌形に曲がらない①②。先端部に鋸歯があるが他は全縁。頂部羽片は徐々に短くなり、先端ははっきりした頂羽片となる。葉柄断面は基部で三角形、先端付近では楕円形で、2つの稜がある③④。
和名：葉の形が雉の尻尾を思わせることによる。

②栄養葉

③葉柄上部の断面

④葉柄基部の断面

キジノオシダ科キジノオシダ属

14-1-02
オオキジノオ

Plagiogyria euphlebia (Kunze) Mett.

環境：山地の林内。
分布：本州〜九州、琉球列島。
生態：常緑多年草。
形態：側羽片は有柄で基部のほうでよく目立ち③、やや上部に湾曲する②。頂部に向かって羽片は徐々に短くなり、先端ははっきりした頂羽片となる①②。葉柄断面は基部で三角状円形、上部で楕円形④⑤。

①茨城県つくば市2017.11

④葉柄上部の断面

⑤葉柄基部の断面

②栄養葉

③羽片の柄

14-1-03
ヤマソテツ

Plagiogyria matsumureana Makino

環境：山地の林内。
分布：北海道〜九州、屋久島。
生態：夏緑多年草。
形態：側羽片は無柄で、基部は両側とも広い角度で葉軸につき①、辺縁は細かい重鋸歯縁で、先端付近では鋸歯が明瞭①。頂部付近の羽片は徐々に短くなり、はっきりした頂羽片とはならない①。

①福島県天栄村 2006.6

②胞子葉

③胞子嚢群

15 ホングウシダ科　Lindsaeaceae

茎はほふくする。普通、胞子葉と栄養葉は同形。胞子嚢群は葉の裏側の辺縁または辺縁近くに生じ、包膜がある。包膜は下側で葉面に付着し、辺縁に向かって開く。
日本には4属19種が分布するが、エダウチホングウシダ属、ホングウシダ属、ゴザダケシダ属は伊豆以西の暖地や亜熱帯地域に分布するものがほとんであり、本書ではホラシノブ属の一部の種のみを扱う。

15-1
ホラシノブ属

Odontosoria Fée

葉脈は遊離。1胞子嚢群を構成する胞子嚢数は少なく、12個以下。包膜は卵形〜楕円形で、胞子嚢群はポケット状。日本に6種2雑種。

①千葉県成田市 2013.10

②羽片の裏側、包膜と胞子嚢群

③根茎の鱗片とその拡大

15-1-01
ホラシノブ

Odontosoria chinensis (L.) J. Sm.

環境：日当たりのよいやや乾いた崖地。
分布：本州〜九州、琉球列島、小笠原諸島。
生態：常緑多年草。
形態：葉身は3回〜4回羽状複葉で長楕円状披針形。下部の羽片は短くなる①。葉はやや硬い草質。胞子嚢群は葉縁に沿ってポケット状につき、1〜3個の脈端を連ねて伸びる。包膜は卵形②。根茎の鱗片は光沢のある褐色から赤褐色で毛状③。冬期に紅葉することがある。

①千葉県富津市 2020.7

②羽片の裏側、包膜と胞子嚢群

③根茎の鱗片とその拡大

15-1-02
ハマホラシノブ

Odontosoria biflora (Kaulf.) C. Chr.

環境：海岸近くの日のよく当たる崖地や岩場。
分布：本州(茨城県以南)〜九州、琉球列島、小笠原諸島。
生態：常緑多年草。
形態：葉身は大きいもので3回羽状複葉、葉身の基部が最も幅広くなる①。葉は革質で多肉。胞子嚢群は葉縁に沿ってポケット状につき、1〜2個の脈端を連ねて伸びる。包膜は卵形②。根茎の鱗片は光沢のある褐色で披針形③。

16 コバノイシカグマ科　Dennstaedtiaceae

地上に生育、まれによじ登る。茎は斜上またはほふくし、有節毛をつける(外国産の属には鱗片をつけるものもある)。葉は同形または違いの小さな二形。2回～3回羽状複葉か、さらに切れ込むことが多く、有毛。胞子嚢群は辺縁または辺縁近くに生じ、線状または円形。包膜は線形、ポケット状またはコップ状になるか、辺縁が反転する偽包膜が胞子嚢群をおおう。胞子は四面体型で3溝または二面体型で単溝。日本には6属が分布。

コバノイシカグマ科の各属の胞子嚢群のつき方

コバノイシカグマ属(イヌシダ)

フモトシダ属(フモトシダ)

イワヒメワラビ属(イワヒメワラビ)

ワラビ属(ワラビ)

シダの適地：フモトシダ(フモトシダ属)の好むスギ林

枝打ち、林床の刈り払いなどの管理が継続されるスギ林の林床にはシダの生育が目立って多い。スギ苗の植栽場所が湿潤な立地に選択されること、枝打ちによって適度な照度が得られること、刈り払いによって大形草本や低木の繁茂が抑えられ種間競争を回避できることなどがシダの生育を優位に保つ要因となっているのであろう。谷城がシダの研究を始めたころ(約半世紀前)の千葉県のスギ林はフモトシダやリョウメンシダはとても珍しいものであったが、今ではごく普通にみられるようになり、スギ林の林床一面の植被を優占している所も少なくない。温暖化に伴う気候の変遷、山野への人の関わりの変化なども原因しているのであろうか。

スギ林の林床のシダ群落、千葉県横芝光町 2005.5

スギ林の林床や林縁に多いフモトシダ

コバノイシカグマ科コバノイシカグマ属

16-1
コバノイシカグマ属

Dennstaedtia Bernh.

根茎は長くほふくし、やや硬い毛でおおわれる。葉軸の表側の溝は羽軸の溝に流れ込む。葉脈は遊離し、辺縁に達しない。胞子嚢群は辺縁近くにつき、包膜はコップ状。日本に3種。

16-1-01
コバノイシカグマ

Dennstaedtia scabra (Wall. ex Hook.) T. Moore

環境:山地の林床。
分布:本州(秋田県以南)〜九州、屋久島。
生態:常緑多年草。
形態:葉身は三角状の楕円形①。黄緑色でやや硬い草質、両面に粗い毛がある②。葉柄はいくぶん光沢のある赤褐色か紫褐色で半透明〜褐色の密毛がある③。毛は早落性で落下痕が突起として残る。胞子嚢群は辺縁につき、包膜はコップ状で無毛④。

①千葉県成田市 2021.5

②小羽片

③葉柄基部の毛

④裂片の裏側、包膜と胞子嚢群

16-1-02
イヌシダ

Dennstaedtia hirsuta (Sw.) Mett.

環境:岩のすき間や崖地。
分布:北海道〜九州、屋久島。
生態:夏緑多年草。
形態:葉身は2回羽状深裂で薄い草質。葉に二形性はあるものの違いは大きくない。胞子葉は高く直立し、栄養葉は低く伏したように出て切れ込みが浅い①。葉身や葉軸、葉柄に透明〜淡黄緑色の長い軟毛を密につける③④。胞子嚢群は辺縁につき、包膜はコップ状で毛がある②。

①栃木県日光市 2006.6

②裂片の裏側、包膜と胞子嚢群

③葉軸の毛

④葉柄の毛

コバノイシカグマ科

16-1-03
オウレンシダ

Dennstaedtia wilfordii (T. Moore) H. Christ ex C. Chr.

環境：山地の林床の腐植土や岩陰。
分布：北海道〜九州。
生態：夏緑多年草。
形態：葉身は2回〜3回羽状複葉で長楕円状披針形、草質。葉に二形性はあるものの違いは大きくない。胞子葉のほうが高くなる①。葉身や葉柄はほぼ無毛で、軟毛がまばらに生える程度であることは大きな特徴である。胞子嚢群は裂片の先につき、包膜はコップ状で無毛②。
和名：オウレン(キンポウゲ科の植物)に似たシダの意。

①埼玉県秩父市 2009.8

②羽片の裏側、包膜と胞子嚢群

16-2
フモトシダ属

Microlepia C. Presl

根茎は長くほふくし、短い毛でおおわれる。葉軸の表側の溝は、羽軸の溝に流れ込むものと流れ込みが不明瞭なものがある。葉脈は遊離し普通辺縁に達しない。胞子嚢群の包膜は基部と側面で葉身と癒合してポケット状の構造になる。日本に8種1変種5雑種。

16-2-04
フモトシダ

Microlepia marginata (Panzer ex Houtt.) C. Chr.

環境：やや乾いた山地の林床。
分布：本州〜九州、琉球列島。
生態：常緑多年草。
形態：葉身は1回羽状複葉で浅裂〜深裂①。葉はやや厚めの草質。葉には毛が密生し④、葉軸には褐色の多細胞毛が生えるが毛の量には変化が多い。写真は毛深いタイプで、短い斜上毛と開出毛が密生する②。葉柄の全面に毛があり、古い部分は毛の落ちた跡がざらつく③。胞子嚢群は裂片の辺縁近くにつくが、包膜の前縁は葉縁から離れている④。包膜には毛がある④。

①千葉県館山市 2020.7

②葉軸の毛　③葉柄の毛

④裂片の裏側、包膜と胞子嚢群

コバノイシカグマ科フモトシダ属

フモトシダのいろいろ

フモトシダは葉の形態(羽片基部の耳片[注]の発達程度、羽片が葉軸につく角度、切れ込み具合、長さ、葉身先端の伸び具合等)や葉質、葉軸、葉柄、葉裏の毛の量や質に変化があり、様々なタイプがあることが知られている。本書で取り上げているのはその一例である。

葉柄や葉軸に長い毛が密生するものをケブカフモトシダ、毛が短く目立たないものをウスゲフモトシダとして区別されることもある。前ページで扱った株は毛深いタイプであるが、それとは別に薄毛のタイプがある。また、両者の中間的なものもある。同じ林内で複数タイプの株が見られることもしばしばである。下に薄毛のタイプの2例を示す。

[注]耳片:羽片の基部上側に耳状に突出した部分。

羽片が短く、開出し、葉身が狭く、葉身の先端は尾状に伸びる。千葉県君津市 2021.8

羽片が長く鎌形に曲がり、耳片が発達する。葉質が硬めで葉色が濃い。千葉県成田市 2021.1

薄毛のタイプでは葉軸の毛は目立たない屈毛や斜上毛のみで開出毛がないものが多い。表面がほとんど無毛のものもある。

薄毛のタイプは包膜の毛もまばらである。葉面では脈上のみに毛が散生する。

新雑種ケブカフモトカグマの発見

千葉県長南町において2022年6月、ケブカフモトシダとフモトカグマの推定雑種が発見され、発見地の上総にちなみ新学名としてMicrolepia ×kazusaensis Yashiro, Hashimoto & Kuramata, nom. nud.（谷城2022*）を与えた。

図1は発見当日に採集した証拠標本である。一見するとフモトシダ属の他種と形態的に大きな違いはないように見えるが、裂片はケブカフモトシダのような浅～中裂（図2A）ではなく深～全裂（図2C）する。しかし、フモトカグマのように小羽片として独立することはない（図2C）。ケブカフモトカグマの葉脈にはケブカフモトシダに似た開出毛がある（図3C）。ケブカフモトカグマの包膜は萎縮、変形し、胞子嚢群の形成が確認できないものが多い（図3C）。わずかに確認された胞子は、いずれも不定形で変形しており、雑種性を示していた。

図1 ケブカフモトカグマ（証拠標本）　スケール=10cm

図2 羽片の裏側

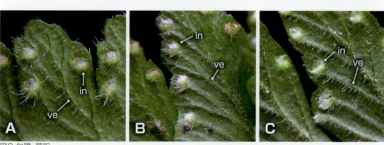

図3 包膜、葉脈

図中の記号はそれぞれ次のものを指す。
A：ケブカフモトシダ、B：フモトカグマ、C：ケブカフモトカグマ、in：包膜、lo：裂片、pr：羽軸、ve：葉脈

*谷城勝弘・橋本君子・倉俣武男（2022）ケブカフモトシダとフモトカグマの雑種. 自然研究雑録4：3-4.

コバノイシカグマ科フモトシダ属

16-2-05
フモトカグマ

Microlepia pseudostrigosa Makino

環境：山地の林床。
分布：本州。
生態：常緑多年草。
形態：葉身は2回羽状複葉①。羽片の基部付近では裂片は独立する②。胞子嚢群は裂片の辺縁近くにつき、毛が散生する③。葉軸や葉柄の表側はほぼ無毛。裏側には斜上毛が密生④。

①千葉県鴨川市 2021.2

②羽片

③胞子嚢群　　④葉軸裏側の毛

16-2-06
イシカグマ

Microlepia strigosa (Thunb.) C. Presl

環境：海岸近くの山地や原野。
分布：本州（関東、伊豆諸島以西）～九州、琉球列島、小笠原諸島。
生態：常緑多年草。
形態：2回羽状複葉で羽片は細長く、先は尾状に伸びる①。葉は硬めの草質で黄緑色。胞子嚢群は裂片の辺縁につき包膜はほぼ無毛③。葉軸の表側は無毛。裏側に屈曲する褐色毛が密生④。

①千葉県館山市 2020.7

②羽片

③包膜と胞子嚢群

④葉軸裏側の毛

コバノイシカグマ科

16-3
イワヒメワラビ属

Hypolepis Bernh.

根茎は長くほふくし、毛におおわれる。葉柄には不定芽(p.65参照)を生じる。葉軸の表側の溝は羽軸に流れ込まない。葉身は羽状複葉、薄い紙質。葉脈は遊離し、辺縁に達しない。胞子嚢群は葉縁近くの脈端につき、包膜を欠くが、葉縁が反転した偽包膜におおわれることがある。日本に3種1雑種。

16-3-07
イワヒメワラビ

Hypolepis punctata (Thunb.) Mett. ex Kuhn

環境：日当たりのよいやや湿った道端や林縁、伐採跡地。
分布：本州〜九州、琉球列島。
生態：夏緑多年草(無霜地帯では常緑)。
形態：葉身は3回〜4回羽状複葉①。羽軸上や葉縁に多細胞毛と腺毛をやや密につける②。胞子嚢群は裂片の辺縁につき、包膜はない③。根茎は長くほふくし、白色の軟毛におおわれる。葉柄基部からほふく枝を出す。

①千葉県多古町 2006.11　　上：②羽軸の毛、下：③胞子嚢群

16-4
ワラビ属

Pteridium Gled. ex Scop.

茎は長くほふくする。葉軸の表側の溝は羽軸の溝に流れ込む。葉脈は遊離。胞子嚢群はすべての脈端を連ねた結合脈上に形成される真の包膜と葉縁が反転してできる偽包膜に二重に包まれる。日本に1種。

16-4-08
ワラビ

Pteridium aquilinum (L.) Kuhn subsp. *japonicum* (Nakai) Á. Löve et D. Löve

環境：日当たりのよい草地や明るい林、道端。
分布：北海道〜九州、琉球列島、小笠原諸島。
生態：夏緑多年草。
形態：葉身は三角状卵形、3回羽状複葉、有毛、黄緑色①。大きい葉では長さ幅ともに1mになる。胞子嚢群は小羽片の葉縁が連続して裏に折れ返った偽包膜の内側につく②。根茎は長くほふくし、葉をまばらにつける。

①千葉県芝山町 2020.10　　②胞子嚢群

17 イノモトソウ科　Pteridaceae

地上生、岩上生から水生まである。中肋の溝は羽軸に流れ込むものが多い。葉身は1回～数回羽状複葉。葉脈は遊離脈と網状脈がある。胞子嚢群は辺縁につくものから内側の脈につくものまである。包膜を欠くものや葉縁が反転した偽包膜におおわれるもの、反転した葉縁の内側に胞子嚢群をもつものがある。

17-1
イワガネゼンマイ属

Coniogramme Fée
地上生の大形シダ。根茎は、はう。胞子嚢群は葉脈に沿って長くつき、包膜を欠く。日本に3種。

17-1-01
イワガネゼンマイ

Coniogramme intermedia Hieron.
環境：湿度の高い林内。
分布：北海道～九州、琉球列島、小笠原諸島。
生態：常緑多年草。
形態：根茎は長くはう。葉身は1回～2回羽状複葉。葉はやや厚い草質。鮮緑色。羽片は鋸歯縁、先端はやや急に狭くなって尾状に伸びる②。葉脈は平行に並んで網目をつくらない③。胞子嚢群は葉脈に沿って長くつく③。
和名：岩や崖の裾に生育する姿から岩が根。

①千葉県市原市 2010.10

葉の毛の有無によって細分されることがある。両側とも無毛なのが狭義のイワガネゼンマイ、両側とも有毛がチチブイワガネ④、裏のみ有毛がウラゲイワガネ。

③羽片、葉脈と胞子嚢群

②羽片の先端部

④チチブイワガネの毛

イノモトソウ科イワガネゼンマイ属

17-1-02
イワガネソウ

Coniogramme japonica (Thunb.) Diels

環境：林内。
分布：北海道〜九州、琉球列島。
生態：常緑多年草。
形態：イワガネゼンマイに似る。葉はやや光沢のある深緑色。羽片の先は徐々に細くなる②。葉脈は網目をつくる③。胞子嚢群は葉縁近くまで伸びることが多い③。若い株の葉は単葉で、他の単葉のシダに間違えやすい④。

①千葉県佐倉市 2019.6

④若い株の葉

②羽片の先端部

③羽片の葉脈と胞子嚢群

17-1-雑
イヌイワガネソウ

Coniogramme ×fauriei Hieron.
（イワガネゼンマイ×イワガネソウ）

形態：羽片や小羽片の形、葉脈の先端の位置は両親種の中間型①②。葉脈はまばらに網目をつくる③。

①千葉県山武市 2013.8

②羽片の先端部

③羽片の葉脈と胞子嚢群

17-2
イノモトソウ属
Pteris L.

根茎は斜上するかはう。葉軸、羽軸ともに表側に溝がある。羽軸の基部には刺がある。葉身は1～数回羽状に分かれる。葉は二形性のものがある。葉脈は遊離するものと網目状になるものとがある。胞子嚢群は羽片、裂片の辺縁近くに沿ってつき、辺縁が裏側に反り返った組織(偽包膜)におおわれる。日本に28種。

①千葉県芝山町 2005.10

17-2-03
イノモトソウ
Pteris multifida Poir.

環境:日の当たる人家の石垣、崖地。
分布:本州～九州、琉球列島。
生態:常緑多年草。
形態:根茎は短くはう。葉は混みあってつく。葉軸に翼をもつ②。二形性がある。胞子葉の羽片は栄養葉の羽片よりさらに狭い。葉脈は辺縁に達しない③(アイイノモトソウの項の比較を参照)。胞子嚢群は辺縁につき、偽包膜におおわれる。胞子嚢群のつかない部分と栄養葉の辺縁に鋸歯がある。
和名:井戸の周辺に生育することが多いので井の元草の意。

②葉軸の翼　　③羽片の辺縁と葉脈

シカの食害とシダ植物

近年、シカの生息密度の増加に伴い、様々な植物が過度な食害を受けている。生育種が著しく貧弱になったり、シカが好まない不嗜好植物ばかりが目立つ状況が、主に太平洋側の各地の樹林地の林床や草地に広がっている。

シダ植物の不嗜好種は特にイノモトソウ科に多い。中でもオオバノイノモトソウは分布域が広いため、シカの食害が顕著な地域において、本種ばかりが目立つ林床が国内の広範囲にわたっている。暖地では、オオバノイノモトソウとともに、オオバノハチジョウシダやナチシダなどの同じイノモトソウ科の種が群生する状況がみられる。イノモトソウ科以外ではコバノイシカグマ科のイワヒメワラビやコバノイシカグマがシカの不嗜好種であり、暖地の林縁や疎林において、これらの群生する状況が随所で見出される。そのほか、ウラジロ科やメシダ科のオニヒカゲワラビ等がシカの不嗜好種としてあげられる。このようなシカの食害が著しい場所においては、不嗜好種以外のシダ植物は崖地や岩場など、シカが採餌できないような場所で細々と生育している。

オオバノイノモトソウの群生
千葉県君津市 2007.10

> イノモトソウ科イノモトソウ属

17-2-04
オオバノイノモトソウ

Pteris cretica L.

環境：林内、人家の石垣、崖地、路傍。
分布：本州〜九州、琉球列島。
生態：常緑多年草。
形態：イノモトソウに似ている。葉身は単羽状で3〜7対の羽片がつく①。羽片基部は翼をつくらず、下部羽片の基部に小羽片がでる。胞子葉は栄養葉に比べて丈が高く、羽片の幅は狭い②。栄養葉の葉脈は辺縁に達する③（アイイノモトソウの項の比較を参照）。胞子嚢群は辺縁につき、偽包膜におおわれる④。

①東京都奥多摩町 2010.6

②栄養葉(低い位置)と胞子葉(高い位置)

③栄養葉の羽片の辺縁

④胞子葉の羽片の辺縁、偽包膜と胞子嚢群

17-2-雑
アイイノモトソウ

Pteris ×*pseudosefuricola* Ebihara, Nakato et S. Matsumoto
（オオバノイノモトソウ × イノモトソウ）

環境：崖地、斜面。
分布：本州(関東以西)〜九州。
形態：葉軸の先のほうに翼をもつ①。葉脈は葉縁に達する場合と途切れる場合とが混在する②。

セフリイノモトソウは雑種と考えられたこともあったが、オオバノイノモトソウの変種として扱われる。

①アイイノモトソウ、千葉県いすみ市 2022.1

②3種の栄養葉の葉縁の比較
左：イノモトソウ、中央：オオバノイノモトソウ、右：アイイノモトソウ

イノモトソウ科イノモトソウ属

17-2-05
マツサカシダ
Pteris nipponica W. C. Shieh

環境：林内、林縁、崖地。
分布：本州～九州、琉球列島。
生態：常緑多年草。
形態：オオバノイノモトソウに似る。側羽片は2～3対で鎌状に斜上する①②。羽軸付近に白い斑が入ることがある②。葉脈の先端は辺縁に達しないこともある。辺縁の鋸歯の大きさは不揃い③。

①胞子葉と栄養葉、千葉県鋸山 2019.3

②斑入りの個体　③羽片の辺縁

17-2-06
ナチシダ
Pteris wallichiana J. Agardh

環境：林内、林縁、崖地。
分布：本州～九州、琉球列島。
生態：常緑多年草。
形態：根茎は斜上する。葉柄下部は光沢のある赤褐色で茶褐色の鱗片をもつ。大形のシダで高さ1.5mを超えるものもある①。葉身はほぼ五角形①。小羽軸近くの葉脈は網目状②。胞子嚢群のつかない辺縁には鋸歯がある。

①千葉県鴨川市 2020.10

②裂片の裏側、偽包膜

イノモトソウ科イノモトソウ属

17-2-07
アマクサシダ

Pteris semipinnata L.

環境：林内、崖縁、崖地。

分布：本州（関東以西）～九州、琉球列島。

生態：常緑多年草。

形態：根茎は短くはうか斜上。葉柄下部は光沢のある赤褐色で、赤褐色の鱗片をまばらにつける。葉は2回羽状複葉。上部の羽片の幅は狭くあまり切れ込まず、下部の羽片は幅広くほぼ全裂する①。胞子嚢群のつかない辺縁には鋸歯がある。

①千葉県君津市 2019.3

②裂片の裏側、偽包膜

17-2-08
オオバノハチジョウシダ

Pteris terminalis Wall. ex. J. Agardh var. *terminalis*

環境：沢沿いの湿った林内。

分布：本州～九州、種子島。

生態：常緑多年草。

形態：根茎は、はう。葉柄基部に茶褐色の鱗片がまばらに圧着してつく。葉身は2回羽状複葉で深裂①。胞子嚢群のつかない辺縁には鋸歯がある。

①千葉県君津市 2017.7

②群生、千葉県君津市 2017.7

③裂片の裏側、偽包膜

イノモトソウ科

①石垣に群生、千葉県勝浦市 2020.12

17-2-09
オオバノアマクサシダ
Pteris terminalis Wall. ex. J.Agardh var. *fauriei* (H. Christ) Ebihara et Nakato

環境：沢沿いの湿った林内。
分布：本州(関東以西)〜九州、屋久島、種子島。
生態：常緑多年草。
形態：オオバノハチジョウシダに似る。羽片の頂小羽片は著しく長く、先端が尾状に伸びる②。羽片の上側の裂片は発達が悪い③。

②側羽片の先

③若い葉

17-3
ホウライシダ属
Adiantum L.

根茎は短くはうか斜上する。葉身は1回〜数回羽状複葉に分岐する。胞子嚢群は偽包膜につく。日本には8種分布。観葉植物のアジアンタムはこの仲間。

①石垣に群生、千葉県勝浦市 2020.12

17-3-10
ホウライシダ
Adiantum capillus-veneris L.

環境：石垣、護岸、崖。
分布：本州(千葉県以西)〜九州、琉球列島だが、栽培されたものが逸出して野生化している。
生態：常緑多年草。
形態：根茎は短くはい、褐色の鱗片がつく。葉柄は赤褐色。葉身は2回羽状複葉。小羽片は不規則に切れ込み裂片となる②。胞子嚢群は裂片の辺縁につき中央がへこむ③。

②羽片　　　③小羽片の裏側、包膜

イノモトソウ科ホウライシダ属

17-3-11
ハコネシダ

Adiantum monochlamys D. C. Eaton

環境：岩場、崖。
分布：本州〜九州。
生態：常緑多年草。
形態：根茎はごく短くはい、茶褐色の鱗片がある。葉柄は赤褐色。葉身は3回羽状複葉①。胞子嚢群は小羽片の凹みにつく②。

①千葉県清澄山 2020.10

②小羽片の裏側、包膜と胞子嚢群

17-3-12
クジャクシダ

Adiantum pedatum L.

環境：湿った林内や崖地。
分布：北海道〜四国。
生態：常緑多年草。
形態：根茎は直立。葉柄基部に茶褐色鱗片をもつ。葉柄は光沢のある赤褐色。葉は孔雀の尾羽を広げたような形①。胞子嚢群は裂片の辺縁につく②。

①東京都奥多摩町 2020.6

②裂片の裏側、包膜と胞子嚢群

イノモトソウ科

17-4
タチシノブ属

Onychium Kaulf.

地上生あるいは岩上生で根茎は長くはう。葉脈は遊離する。胞子嚢群は線形から長楕円形で、偽包膜におおわれる。日本に1種。

①千葉県鋸山 2020.6　②羽片の裏側、包膜と胞子嚢群

17-4-13
タチシノブ

Onychium japonicum (Thunb.) Kunze

環境：日当たりのよい石垣や崖地、林縁。
分布：本州〜九州、琉球列島、小笠原諸島。
生態：常緑多年草。
形態：葉柄基部は赤褐色で茶褐色の鱗片をもつ。葉身は4回羽状複葉。裂片は細く小羽片の先は尖る①②。胞子嚢群は裂片の先端部につき偽包膜におおわれる②。

17-5
ミズワラビ属

Ceratopteris Brongn.

水生または湿地生の1年生シダ。根茎は短く斜上する。葉は叢生し軟らかい草質で羽状に分かれる。葉は二形性があり、胞子葉は栄養葉より草丈が高く羽片の幅は狭い。日本に2種。

①栄養葉、千葉県山武市 2006.9

②胞子葉、千葉県市原市 2010.10

17-5-14
ヒメミズワラビ

Ceratopteris gaudichaudii Brongn. var. *vulgaris* Masuyama et Watano

環境：稲刈り後の水田など。
分布：本州〜九州、琉球列島。
生態：1年草。
形態：不規則に切れ込む2回〜3回羽状複葉①。葉質は薄く遊離脈が透けて見える。胞子嚢群は葉脈に沿って並び、折れ曲がった葉縁におおわれる。羽片に不定芽をつけることがある。

遺伝子解析により沖縄産のものをミズワラビ、奄美大島以北のものをヒメミズワラビと分類された。

18 チャセンシダ科　Aspleniaceae

地上生、岩上生または着生の常緑多年草。胞子葉と栄養葉は同形で、葉身は単葉〜4回羽状複葉。胞子嚢群は線形〜長楕円形で、葉脈に沿って片側につき、まれに向かいあってつく。包膜をもつが、包膜が発達しない種もある。チャセンの名の由来には、羽片が枯れ落ちて葉軸が多数ついている状態や、若芽が内向きについている状態が抹茶をたてる茶筅(チャセン)に似ているためという説がある。日本に2属。

18-1
チャセンシダ属

Asplenium L.

茎はほふく、斜上または直立し、背腹性[注]はない。葉身は単葉から4回羽状複葉。葉脈は遊離することが多い。葉軸の表側の溝は羽軸に流れ込むことが多い。胞子嚢群は葉脈の片側につき、まれに向かい合ってつく。日本に35種1変種22雑種。

[注] 横にはう茎で、葉が茎の背側だけにつくこと(放射状にはつかない)

シダ類の名前 (1)
－○○シダと○○ワラビ－

観察会などで「これはミドリヒメワラビです」と紹介すると「このシダはワラビの仲間なんですね。食べられますか？」と質問をされることがたびたびある。しかし語尾は同じワラビと名がつくのだが、科が異なるくらい、分類上の関係は近くない。ワラビはコバノイシカグマ科でミドリヒメワラビはヒメシダ科である。食べない方がよいだろう。

シダ類の名前では○○シダ、○○ワラビというものが多くある。この語尾の違いはどこにあるのだろうか。

ここにあげた写真はどれも身近でよく見かけるシダ類である。イヌシダ・ヒメシダは葉が細長く、イヌワラビ・ヒメワラビは幅広い葉でなんとなくワラビに似ている。このことを確認するために、葉の全体の写真が掲載されている「原色日本羊歯植物図鑑」で葉身の長さと幅の関係を調べてみた。測定した○○シダは144種、○○ワラビは56種である(本書末項の参考文献を参照)。測定した葉身の長さ／幅の比率(縦横比)を比べてみると、○○シダの平均値は2.73(最大値16.67、最小値0.46)、○○ワラビの平均値は1.34(最大値6.25、最小値0.52)であった。一般に○○シダは細長い葉をもつシダ植物、○○ワラビは幅広い葉のシダ植物ということになる。

イヌシダ　縦横比 3.72

イヌワラビ　縦横比 0.86

ヒメシダ　縦横比 2.39

ヒメワラビ　縦横比 1.06

チャセンシダ科チャセンシダ属

①千葉県君津市 2004.12

18-1-01
クモノスシダ
Asplenium ruprechtii Sa. Kurata

環境：岩上生、山地の石灰岩地など。
分布：北海道〜九州。
生態：常緑多年草。
形態：葉身は単葉で全縁、多少波状になることがあり、狭披針形から狭三角形①。先端はしだいに細くなってつる状に長く伸び、先端近くに無性芽をつける②。胞子嚢群は長さ1〜5mm。やや不規則に散在し、膜質で全縁の包膜がある③。

②葉の先端の無性芽

③胞子葉

①福島県猪苗代町 2007.8

18-1-02
コタニワタリ
Asplenium scolopendrium L.

環境：地上生、岩上生。
分布：北海道〜九州。
生態：常緑多年草。
形態：葉身は単葉、披針形で基部は心形、両側に耳片をつくる①②。葉はやや多肉質、緑色。中肋の裏側に鱗片が多くつく。基部の鱗片は披針形から線状披針形、淡褐色で、膜質②。胞子嚢群は長さ4〜18mm、中肋と直角に近い角度でつく③。根茎は短く、斜上する。

②葉身の基部

③葉の裏側、胞子嚢群

チャセンシダ科チャセンシダ属

18-1-03
クルマシダ

Asplenium wrightii D. C. Eaton ex Hook.

環境：地上生、岩上生。
分布：本州（房総半島以西）～九州、琉球列島。
生態：常緑多年草。
形態：葉身は1回羽状複葉、広披針形、濃緑色①。羽片は10～20対、披針形で鎌状。葉質は厚く、平滑で軟らかい。葉柄基部の鱗片は褐色で披針形～線状披針形②。胞子嚢群は線形、羽軸近くからほぼ辺縁まで長く伸びる③。

①千葉県南房総市 2023.2

②葉柄基部の鱗片

③羽片の裏側、胞子嚢群

18-1-04
イヌチャセンシダ

Asplenium tripteropus Nakai

環境：山地の岩上や路傍の石垣。
分布：本州～九州。
生態：常緑多年草。
形態：葉身は1回羽状複葉で側羽片は長楕円形①。葉は草質。葉軸の先端に無性芽をつけることが多い。胞子嚢群は長楕円形～線形で、羽片のやや辺縁よりにつく②。葉軸に3個の狭い翼がある③。

①静岡県河津町 2007.8

②羽片の裏側、胞子嚢群

③葉軸、左：表側、右：裏側

チャセンシダ科チャセンシダ属

18-1-05
ヌリトラノオ
Asplenium normale D. Don

環境：地上生、岩上生。
分布：本州（関東以西）〜九州、琉球列島。
生態：常緑多年草。
形態：葉は叢生し、1回羽状複葉。披針形から線状披針形。基部はわずかに狭くなる。葉の先端はしだいに狭くなり、無性芽をつけることがある①。胞子嚢群は長楕円形で中間〜やや辺縁寄りにつく②。葉柄は光沢があり、濃紫褐色〜ほとんど黒色。基部の鱗片は黒褐色で、辺縁は褐色から暗褐色③。

①千葉県芝山町 2021.12

②羽片の裏側、胞子嚢群

③葉柄基部の鱗片

18-1-06
コウザキシダ
Asplenium ritoense Hayata

環境：崖地生、岩上生。
分布：本州（千葉県以西）〜九州、琉球列島、小笠原諸島。
生態：常緑多年草。
形態：葉身は2回〜4回羽状複葉、卵形から三角状長楕円形、鋭頭①。葉は草質。葉軸の表側はへこみ中央が盛り上がる。胞子嚢群は裂片に1個つき、長楕円形、包膜は2〜4mmで宿存性②。基部の鱗片は暗褐色で格子状。辺縁に刺状の突起がある③。

①千葉県鴨川市 2020.2

②羽片の裏側、包膜と胞子嚢群

③葉柄基部の鱗片

18-1-07
コバノヒノキシダ

Asplenium anogrammoides H. Christ

環境：日当たりのいい山野や路傍の岩上、石垣。

分布：本州(福島県以南)～九州、種子島。

生態：常緑多年草。

形態：葉身は2回～3回羽状複葉、広披針形から長楕円形、鋭頭①。葉は草質。葉軸の表側はへこみ中央が盛り上がる②。胞子嚢群は裂片に1～3個互いに接近してつき、長楕円形か、長く伸びる③。葉柄基部の鱗片は黒褐色で明瞭な格子状になり、辺縁に突起や毛はない④。

①栃木県日光市 2021.6

②葉軸と羽片の表側

③羽片の裏側、包膜と胞子嚢群

④葉柄基部の鱗片

18-1-08
トキワトラノオ

Asplenium pekinense Hance

環境：岩上生。

分布：本州(岩手県以南)～九州、琉球列島。

生態：常緑多年草。

形態：葉身は広披針形、鋭頭。最下の羽片は短く菱形状。葉質は厚く、深緑色。表面にやや光沢①。葉軸の表側はへこみ中央が盛り上がる②。胞子嚢群は長楕円形で中間生③。葉柄基部の鱗片は格子状、披針形で褐色。鱗片のつけ根に褐色の毛が密生する④。

①静岡県御殿場市 2006.8

②葉軸と羽片の表側

③羽片の裏側、包膜と胞子嚢群

④葉柄基部の鱗片とその拡大

チャセンシダ科チャセンシダ属

18-1-09
イワトラノオ

Asplenium tenuicaule Hayata

環境：岩上生。
分布：北海道〜九州。
生態：常緑多年草。
形態：葉身は2回羽状複葉、広披針形から三角状長楕円形、鋭頭①。葉は草質。裂片は円頭②③。葉軸の表側には溝がある②。胞子嚢群は裂片に1〜4個つき、長楕円形③。葉柄基部の鱗片は全縁で黒色に近く格子状④。

①山梨県北杜市 2020.11

②葉軸と羽片の表側

③羽片の裏側、包膜と胞子嚢群

④葉柄基部の鱗片とその拡大

18-1-10
トラノオシダ

Asplenium incisum Thunb.

環境：地上生、崖地生。
分布：北海道〜九州、琉球列島。
生態：常緑多年草。
形態：葉は二形だが違いは大きくない。胞子葉はほぼ直立する①。葉身は1回〜2回羽状複葉。20cm前後が多いがときに40cmに達する。葉軸の表側には溝がある②。胞子嚢群は長楕円形、中肋寄りにつくが、熟すると葉の裏側全体につくように見える③。葉柄基部の鱗片は黒褐色で狭披針形〜線形④。

①千葉県成田市 2019.7

②葉軸と羽片の表側

③羽片の裏側、包膜と胞子嚢群

④葉柄基部の鱗片

チャセンシダ科ホウビシダ属

18-2
ホウビシダ属

Hymenasplenium Hayata

茎はほふくし、背腹性があり、2列に葉をつける。葉身は1回羽状複葉。葉脈は遊離。葉軸表側の溝は、羽軸に流れ込む。胞子嚢群は主として小脈の片側につく。日本に8種1雑種。

18-2-11
ホウビシダ

Hymenasplenium hondoense (N. Murak. et S. -I. Hatan.) Nakaike

環境：崖地生、岩上生。
分布：本州（千葉県以西）～九州。
生態：常緑多年草。
形態：葉身は1回羽状複葉。羽片は15～20対でゆがんだ平行四辺形①。葉身の先は尾状に長く伸びる②。葉は薄くて草質。淡緑色で、葉脈は明瞭②③。胞子嚢群は羽片の辺縁と中肋の中間につく③。葉柄基部の鱗片は披針形で暗褐色から黒色。根茎は長く横走し背側に2列に並んだ葉をつけ、腹側に多数の根をつける④。

①千葉県館山市 2021.2

③羽片の裏側、包膜と胞子嚢群

②葉身上部の裏側

④根茎

ヒメシダ科ヒメワラビ属

19 ヒメシダ科　Thelypteridaceae

地上生。根茎は直立〜横走する。葉柄には鱗片があり有毛。葉身は単葉〜羽状複葉で、長楕円形のものが多い。葉柄、葉軸、羽軸の表側に溝のあるものがある。葉のどこかに単〜多細胞の鋭い毛がある。葉脈は羽状に分岐し、葉縁に達するものが多い。
胞子嚢群は葉脈に沿ってつき円形〜線形、包膜があるものとないものがある。包膜は円腎形で単細胞の毛をもつものが多い。胞子嚢には単細胞の毛がある。日本に3属。

19-1 ヒメワラビ属

Macrothelypteris (H.Ito) Ching

根茎は短くはい、斜上する。葉柄には幅の狭い鱗片がつく。葉身に毛がある。包膜は小さく、成熟した胞子嚢群では胞子嚢のなかにかくれる。

①千葉県佐倉市 2015.10

②羽片の裏側
③裂片の裏側、包膜と胞子嚢群
包膜

19-1-01 ミドリヒメワラビ

Macrothelypteris viridifrons (Tagawa) Ching

環境：疎林の林床、林縁。
分布：本州〜九州。
生態：夏緑多年草。
形態：根茎は短く斜上し、葉は叢生する。葉身は3回あるいはそれ以上の羽状複葉で鮮緑色、葉は草質。小羽片はややまばらにつき、広披針形〜三角状長楕円形で基部は切形に近く、短い柄がある②。胞子嚢群は小さい円腎形で包膜は小さい③。

本種は乾燥しても緑の色素が残るが、次種ヒメワラビは、乾燥すると葉の色が黄褐色になる。

①千葉県南房総市 2017.10

②東京都奥多摩町 2012.9

③羽片の表側

19-1-02 ヒメワラビ

Macrothelypteris torresiana (Gaudich.) Ching var. *calvata* (Baker) Holttum

環境：明るい二次林の林床、林縁。
分布：本州〜九州、琉球列島。
生態：夏緑多年草。
形態：葉身は黄緑色〜淡い緑色①②。小羽片は無柄③。基部は広いくさび形。小羽軸には裂片の基部が流れて狭い翼になる③。

95

19-2
ミヤマワラビ属

Phegopteris (C. Presl) Fée

根茎は、はうか短く斜上。葉柄基部に暗褐色の鱗片がある。葉は全体に毛が多い。羽片基部は深裂し葉軸に沿って翼になる。翼は半円形。葉脈の先は葉縁に達する。胞子嚢群は円形〜楕円形。

19-2-03
ゲジゲジシダ

Phegopteris decursivepinnata (H. C. Hall) Fée

環境：林床、日陰の崖。石垣の間に垂れ下がる。
分布：北海道〜九州、琉球列島。
生態：夏緑多年草。
形態：根茎が短く斜上し葉を叢生する。葉柄には鱗片がある。葉身は緑色、披針形で、中央部で最大幅。葉の両側は有毛。葉は草質①。羽片と羽片の間に翼がある②。胞子嚢群は円形〜楕円形で中肋と辺縁の中間につき、包膜を欠く③。
和名：羽片の間の翼をゲジゲジの脚に見立てたという。

①千葉県佐倉市 2020.6

②葉身の裏側

③羽片の裏側、胞子嚢群

19-2-04
ミヤマワラビ

Phegopteris connectilis (Michx.) Watt

環境：林床、崖下。
分布：北海道〜九州、屋久島。
生態：夏緑多年草。
形態：根茎は長く横走する。葉は草質〜軟らかい紙質、三角状楕円形、基部の羽片が最も長い①。葉の両側は有毛。羽片の基部に翼がある②。胞子嚢群は円形〜楕円形で包膜はなく、辺縁寄りにつく③。

①長野県志賀高原 2008.8

②羽片の表側

③羽片の裏側、胞子嚢群

ヒメシダ科ヒメシダ属

19-3
ヒメシダ属
Thelypteris Schmidel

常緑または夏緑生。根茎は横走～直立し鱗片と毛がある。葉脈は羽状に分岐し、遊離するものと相対する小脈と連続して網目をつくるものとがある。胞子嚢群は円形から脈に沿って伸びるものまである。包膜のある種とない種がある。日本に34種、2変種、12雑種。

①千葉県佐倉市 2007.4

19-3-05
ミゾシダ
Thelypteris pozoi (Lag.) C. V. Morton subsp. *mollissima* (Fisch. ex Kunze) C. V. Morton

環境：林床～林縁～路傍。陰地～湿地。
分布：北海道～九州、琉球列島。
生態：夏緑多年草。
形態：2回羽状中裂①。最下の羽片が長くなる型と短くなる型がある。葉脈は羽状に分岐、遊離脈②。胞子嚢群は脈に沿って伸び包膜を欠く②。葉は軟らかい紙質で暗緑色。葉軸にビロード状の毛が多い③。葉柄の鱗片は褐色④。

②羽片の裏側、胞子嚢群

③葉軸の毛

④葉柄の鱗片

①東京都奥多摩町 2020.6

19-3-06
ヤワラシダ
Thelypteris laxa (Franch. et Sav.) Ching

環境：山野や林縁。
分布：本州～九州、屋久島。
生態：夏緑多年草。
形態：根茎は横走する。葉身は広披針形、黄緑色で有毛①。葉は草質～軟らかい紙質。葉柄は淡い緑色。羽片は短い柄があり基部に向かって短くなる。側脈は辺縁に達しない②。包膜は馬蹄形、胞子嚢群は円形③。

②裂片

③羽片の裏側、包膜と胞子嚢群

ヒメシダ科ヒメシダ属

19-3-07
ハシゴシダ

Thelypteris glanduligera (Kunze) Ching

環境：林床、林縁。
分布：本州〜九州、琉球列島。
生態：常緑多年草。
形態：根茎は長く横走する。葉柄は緑色で基部は暗色。鱗片がある。葉身は披針形で基部が最も幅広い①。葉は軟らかい紙質〜草質。羽片は羽軸近くまで切れ込み、基部は広いくさび形。小羽片は無柄②。葉脈は裂片の辺縁に達する③。胞子嚢群は辺縁寄りにつく。包膜は円腎形で毛が密にある④。
和名：葉軸から出る羽片が葉全体からみると梯子にみえるので。

①千葉県栄町 2020.8

②羽片の基部

③裂片、葉脈

④裂片の裏側、包膜と胞子嚢群

19-3-08
コハシゴシダ

Thelypteris angustifrons (Miq.) Ching

環境：林縁、路傍、人家の石垣。
分布：本州〜九州、琉球列島。
生態：常緑多年草。
形態：ハシゴシダに似るがやや小形（草高40cm以下）。葉身は披針形①②。下部羽片の基部にある裂片（小羽片）は柄がある③。葉脈は辺縁に達する③。胞子嚢群は小さく半月形。

①千葉県大多喜町 2020.6

②葉身

③裂片基部の柄

ヒメシダ科ヒメシダ属

①千葉県佐倉市 2020.5

19-3-09
ハリガネワラビ

Thelypteris japonica (Baker) Ching

環境：明るい二次林の林床。
分布：北海道〜九州、屋久島、種子島。
生態：夏緑多年草。
形態：根茎は短く斜上する。葉柄は赤褐色で鱗片は光沢のある黒褐色。葉身は三角状長楕円形、緑色〜黄緑色、草質①②。最下の羽片はやや下向きになる②。葉の各軸と葉縁は有毛。胞子嚢群は辺縁寄りにつき、包膜は円腎形③。

②葉身

③羽片の裏側、包膜

①千葉県山武市 2006.7

参考
アオハリガネワラビ

Thelypteris japonica (Baker) Ching f. *formosa* (C. Chr.) Nakato, Sahashi et M. Kato

ハリガネワラビによく似るが、葉柄が淡緑色①②。

②ハリガネワラビ(上)とアオハリガネワラビ(下)の葉柄

ヒメシダ科ヒメシダ属

19-3-10
イワハリガネワラビ

Thelypteris musashiensis (Hiyama) Nakato, Sahashi et M. Kato

環境：深山の岩壁。
分布：北海道〜九州。
生態：夏緑多年草。
形態：ハリガネワラビに似ているが全体が華奢なシダ。葉色は黄緑色①。葉柄の中・上部は黄緑色、下部は赤褐色。包膜の毛はほとんどない②。胞子の外膜は刺状の突起がある。

②羽片の裏側、包膜と胞子嚢群　　①東京都奥多摩町 2019.10

19-3-11
ニッコウシダ

Thelypteris nipponica (Franch. et Sav.) Ching

環境：明るい草原の湿原。
分布：北海道、本州。
生態：夏緑多年草。
形態：葉身は広披針形〜披針形、下部の羽片はやや短くなる。葉は淡緑〜黄緑色①。葉脈は単生し、辺縁に達する③。

①長野県乗鞍高原 2008.7

②羽片の裏側、包膜と胞子嚢群　　③羽片の葉脈

ヒメシダ科ヒメシダ属

①栄養葉、千葉県八千代市 2019.7

②栄養葉の葉脈

③胞子葉、千葉県横芝光町 2012.7

④羽片の裏側、包膜と胞子嚢群

19-3-12
ヒメシダ
Thelypteris palustris Schott

環境：日なたの湿地や沼沢地、田の畦に群生する。
分布：北海道〜九州。
生態：夏緑多年草。
形態：根茎は長く横走する。葉柄は黄緑色で基部に黒っぽい鱗片がある。葉は二形性。栄養葉は広披針形で基部がわずかに狭まる①。葉は草質〜軟らかい紙質。葉脈は二岐して辺縁に達する②。胞子葉は栄養葉より草丈が高い③。胞子嚢群は円形で包膜は円腎形④。
和名：葉質が薄く繊細な感じがするので姫シダ。

①群馬県野反湖 2019.7

②羽片の裏側、包膜と胞子嚢群

19-3-13
オオバショリマ
Thelypteris quelpaertensis (H. Christ) Ching

環境：山地の草地や路傍に群生する。
分布：北海道、本州、四国、屋久島。
生態：夏緑多年草。
形態：葉は緑色〜暗緑色。下部の羽片は著しく短くなる①。葉軸に白色〜淡褐色の鱗片が密生する。葉は軟らかい紙質、葉脈は分岐し辺縁に達する。包膜は円腎形②。
和名：ショリマはシダの古名。特にヒメシダやクサソテツを指すことがあり、ヒメシダより大きいシダの意。

ヒメシダ科ヒメシダ属

19-3-14
ホシダ

Thelypteris acuminata (Houtt.) C. V. Morton

環境：林縁や路傍。
分布：本州～九州、琉球列島。
生態：常緑多年草。
形態：根茎は長く横走する。葉柄は淡緑色～淡褐色。葉身は広披針形で基部は狭くならない①。先端部は頂羽片が発達し、穂状になる①②。葉は紙質でやや光沢のある緑色。羽片の基部近くの裂片の葉脈は、隣接裂片の葉脈と結合して網状脈を形成する③。胞子嚢群は中肋と辺縁の中間につき包膜は円腎形④。
和名：頂羽片が穂のように発達するので穂シダ。

①千葉県勝浦市 2020.12

②頂羽片

③羽片の裏側と葉脈

④羽片の裏側、包膜と胞子嚢群

19-3-15
イヌケホシダ

Thelypteris dentata (Forssk.) E. P. St. John

環境：林床。
分布：本州（関東以西）～九州、琉球列島。温暖化と温室からの逸出で分布を拡大した。
生態：常緑多年草。
形態：根茎は短く斜上～直立する。葉柄は淡緑色。葉身は表裏ともに毛が多く明るい緑色～淡黄緑色①。頂羽片は顕著ではない①。葉は薄い紙質。羽片の基部近くの裂片の葉脈についてはホシダと同じ。包膜は円腎形で密に毛がある②。

①千葉県横芝光町 2024.11

②羽片の裏側、包膜と胞子嚢群

20 イワデンダ科　Woodsiaceae

茎は短くほふくするか直立する。葉身は1回羽状複葉〜2回羽状全裂。葉脈は遊離し、葉縁に達しない。胞子葉と栄養葉は同形で、葉長30cm未満の比較的小形の種が多い。胞子嚢群は、葉脈の先端近くまたはほぼ先端の脈上につき、円形。鱗片状または繊維状の裂片から構成される包膜があり、胞子嚢群を下から包み込むようにつく。

20-1 イワデンダ属

Woodsia R. Br.
イワデンダ属の特徴はイワデンダ科の特徴に準ずる。

20-1-01 コガネシダ

Woodsia macrochlaena Mett. ex Kuhn

環境：岩上生。
分布：本州〜九州。
生態：夏緑多年草。
形態：葉身は長楕円状披針形で草質①。羽片は卵形〜卵状長楕円形で中裂〜深裂、表裏とも白い毛があるが鱗片はない①②。葉柄の基部には淡褐色の鱗片が密生する。胞子嚢群は裂片の辺縁近くにつき、包膜はコップ状に胞子嚢群を包み、不規則に裂けて長い縁毛がある③。

①山梨県北杜市 2021.7

②裂片の白い毛

③羽片の裏側、包膜と胞子嚢群

イワデンダ科イワデンダ属

20-1-02
イワデンダ

Woodsia polystichoides D. C. Eaton

環境：岩上生。
分布：北海道〜九州。
生態：夏緑多年草。
形態：葉身は狭披針形〜線形、鋭尖頭で濃黄緑色①。葉はやや硬い草質。羽片は披針形〜長楕円状披針形で無柄。表裏ともに有毛。羽片基部に耳片がある②。葉柄は赤褐色、全面に毛と鱗片がまばらにあり、基部に鱗片が多い③。胞子嚢群は羽片の辺縁近くに1列に並ぶ。包膜はコップ状に胞子嚢群をすっぽり包み、不規則に細裂して長い縁毛がある②。

①山梨県北杜市 2021.7

②羽片の裏側、包膜と胞子嚢群

③葉柄基部の鱗片

20-1-03
フクロシダ

Woodsia manchuriensis Hook.

環境：岩上生。
分布：北海道〜九州。
生態：夏緑多年草。
形態：葉身は2回羽状深裂し、狭披針形。下部に向けてしだいに狭まる①。葉は薄い草質、淡緑色で、裏側は白っぽい。葉柄は葉身よりずっと短く、基部に鱗片があるほか、まばらに毛や鱗片がある。葉柄基部の鱗片は披針形、膜質、淡褐色だが、黒褐色のすじが出ることもある③。胞子嚢群は裂片の辺縁近くにつき、包膜は球形の嚢状②。

①山梨県北杜市 2021.7

②羽片の裏側、包膜

③葉柄基部の鱗片

21 コウヤワラビ科　Onocleaceae

地上生で根茎はほふく、斜上あるいは直立する。夏緑多年草。葉は二形性があり、胞子葉は栄養葉より幅が狭い。葉身は1回羽状中裂〜2回羽状深裂。葉脈は遊離脈と網状脈がある。胞子嚢群は葉縁が反り返った中に包まれる。包膜は早く落ちる。日本に1属。

21-1
コウヤワラビ属

Onoclea L.
コウヤワラビ属の特徴はコウヤワラビ科の特徴に準ずる。日本に3種。

21-1-01
コウヤワラビ

Onoclea sensibilis L. var. *interrupta* Maxim.

環境：やや湿った草地、休耕田や畦。
分布：北海道〜九州。
生態：夏緑多年草。
形態：根茎は長く横走し群落をつくる。胞子葉と栄養葉はほぼ同長①②。栄養葉は切れ込みに変化が多い。葉脈は網状脈③。

①栄養葉と胞子葉、千葉県東金市 2007.4　②胞子葉

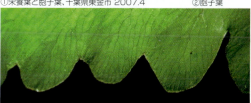

③葉脈

①福島県天栄村 2015.6

21-1-02
イヌガンソク

Onoclea orientalis (Hook.) Hook.

環境：林内や林縁。
分布：北海道〜九州。
生態：夏緑多年草。
形態：地上生で大形のシダ。葉は二形性がある。葉脈は遊離し多くは単条で、二岐も混じる。葉脈の先端は葉縁に達する。胞子葉は成長すると褐色になり、羽片が一方向に出ているように見える②③。枯れても長く形を維持するので③、生け花に利用される。
和名：胞子葉が雁の足に似ているので犬雁足。

②若い胞子葉　③前年の胞子葉

コウヤワラビ科コウヤワラビ属

21-1-03
クサソテツ(ガンソク)
Onoclea struthiopteris (L.) Hoffm.

環境：やや湿った明るい草地に群生。
分布：北海道〜九州。
生態：夏緑多年草。
形態：葉柄の基部は平坦に広がる。栄養葉の葉身は倒卵形。羽片は多数①。胞子葉は成熟して褐色になる。春に栄養葉の出芽したわらび巻きは"こごみ"と呼ばれ山菜として食される②。
和名：葉の出方が裸子植物のソテツに似ているから。

①栄養葉と胞子葉、千葉県佐倉市 2015.10

②萌芽期の"こごみ"(4月)

シシミゾシダとの出会い

山野でシダ観察をしていると、ごくまれにではあるが、羽片の先が細かく不規則に分かれたシシ葉(獅子葉)と呼ばれる個体に出会うことがある。シシ葉のミゾシダはシシミゾシダ*Leptogramma mollissima* f. *cristata* Nakaiと呼ばれる(左:個体、右:標本)。形質が軽微に異なる個体としての品種学名が与えられている。この学名はミゾシダ(19-3-05)がかつてミゾシダ属*Leptogramma*に分類されていたころに提示されたものである。写真の個体では羽片のすべてがシシ葉となり、その位置は羽片の先の1/2〜1/3の箇所に限定されるといった規則性がある。この個体のシシ葉が安定した形質か否かを追跡調査したいと考えていたが、生育箇所のスギ林はリョウメンシダの植被が拡大して2年後には消滅してしまった。シシ葉のシダには他にシシイワヘゴ、シシオオイタチシダ、シシオオバノイノモトソウ、シシオクマワラビ、シシオシダ、シシクマワラビ、シシヒトツバ、シシホシダなどが知られるがいずれも稀産品なので、巡り合えるチャンスは僅少といわねばならない。

シシミゾシダ、千葉県山武市 2013.6.23

22 シシガシラ科　Blechnaceae

地上生または崖地生で、茎は斜上または直立する。ほふく枝を出すこともある。栄養葉と胞子葉は同形または二形。葉身は単葉～2回羽状複葉。葉脈は羽状分岐または二叉分岐し、遊離または様々な程度で結合して網目をつくる。胞子嚢群は中肋の両側の脈上に長くつく。普通、線形の包膜があり、中肋側に開くが包膜を欠くものもある。日本に2属。葉の叢生する様子を獅子のたてがみにみたてて獅子頭という。

22-1
シシガシラ属
Blechnum L.

地上生、崖地生。胞子葉と栄養葉は同形または二形。葉身は1回羽状深裂～2回羽状複葉。葉脈は遊離する。日本に5種。

①栄養葉と胞子葉、福島県猪苗代町 2007.8

22-1-01
シシガシラ
Blechnum niponicum (Kunze) Makino

環境：地上生。
分布：北海道～九州、屋久島。
生態：常緑多年草。
形態：葉は二形で1回羽状複葉、披針形。栄養葉は葉柄が短く基部まで羽片がある①②。羽片は30対以上、線形でやや鎌状、鋭頭、全縁。胞子葉は栄養葉より高く立って幅が狭く、羽片はまばらにつく①②。胞子嚢群は羽軸沿いに長く伸びる③。葉柄基部の鱗片は線状披針形～線形。中央部は褐色～黒褐色、辺縁は淡褐色④。根茎は太く塊状。

②栄養葉(左)と胞子葉(右)　③胞子葉の裏側、胞子嚢群　④葉柄基部の鱗片

シシガシラ科シシガシラ属

22-1-02
オサシダ

Blechnum amabile Makino

環境：崖地生。
分布：本州（鳥取県以東）〜九州、屋久島。
生態：常緑多年草。
形態：葉は二形性がある。栄養葉は披針形で葉柄は短く、先端は狭くなり尾状に伸びる①。葉柄は淡褐色で紅紫色を帯びる。葉質は厚い。葉柄基部の鱗片はシシガシラより大形で卵状披針形〜広披針形、茶褐色③。根茎はほふくする④。
和名：葉の形が織物の道具の筬（おさ：櫛状の道具）に似ることによる。

①栄養葉と胞子葉、千葉県君津市 2021.12

②胞子葉の裏側、胞子嚢群

③葉柄基部の鱗片

④根茎

シシガシラとオサシダは生育適地が違う

栄養葉や胞子葉の形が互いによく似たシシガシラとオサシダであるが、両者の生育適地にははっきりした違いがある。シシガシラは林床や林縁などの比較的明るい半日陰に生育するが、オサシダは急崖の日陰側で土壌堆積の僅少な箇所に生育し、両者の生育適地には明瞭な違いがある。これは、一種の住み分けと考えられる。また、根茎が塊状のシシガシラでは葉が叢生するが、根茎を伸ばすオサシダでは葉がまばらに出るので遠くから見ても両種の識別は比較的容易である。

シシガシラの群生、群馬県月夜野町 2005.7

オサシダの群生、千葉県富津市 2005.12

コモチシダ属

Woodwardia Sm.

地上生、崖地生。胞子葉と栄養葉は同形または二形。葉身は単葉～2回羽状複葉。葉脈は網状に結合して遊離小脈のない網目をつくる。日本に6種3雑種。

22-2-03 コモチシダ

Woodwardia orientalis Sw.

環境：崖地生。
分布：本州～九州。
生態：常緑多年草。
形態：葉身は2回羽状中裂～深裂または全裂、広卵形①。葉面に無性芽が多数つく④。葉脈は羽軸や裂片の中肋に沿って1～2列の網目をつくる③。葉は革質。胞子嚢群は中肋に接するように2列に並び、宿存性の厚い包膜に包みこまれる③。根茎は短く太く、密に鱗片がある。

①千葉県鴨川市 2019.8

②羽片と小羽片　③裂片の裏側、葉脈、胞子嚢群　④無性芽

22-2-04 ハチジョウカグマ

Woodwardia prolifera Hook. et Arn.

環境：崖地生。
分布：本州(関東以西)～九州、琉球列島。
生態：常緑多年草。
形態：葉身は2回羽状深裂～全裂、広卵形。葉は長さ2mを越える①。小羽片は長く、先端は細くとがって尾状となり、葉脈は細かな網目をつくる②③。若い葉は淡赤色を帯びる①。葉面に無性芽を多数つける。葉は革質。胞子嚢群は中肋に接するように2列に並ぶ③。根茎は短く太く、コモチシダよりも密に鱗片がある④。

①千葉県一宮町 2019.5

②羽片と小羽片　③裂片の裏側、葉脈、胞子嚢群　④葉柄基部の鱗片

23 メシダ科　Athyriaceae

メシダ科は夏緑性の種類が多い。大形で硬いオシダ(雄シダ)に比べて小形で軟らかいことからメシダ(雌シダ)という。オシダ科の胞子嚢群は多くが円形であるが、メシダ科ではほとんどが線形または鉤形、楕円形である。また、メシダ科の葉軸表側の溝は羽軸の溝と連続するものが多い。内部構造としてはメシダ科の葉柄には2本の維管束があるのに対してオシダ科では多数が円形に並ぶ。日本のメシダ科にはシケシダ属、メシダ属、ウラボシノコギリシダ属、ノコギリシダ属の4属があり、約100種と130雑種が知られる。低地から亜高山などまで様々な環境に生育する種類が含まれる。

メシダ科の特徴(オシダ科との比較)

全形(写真上段)：メシダ科は小形で葉軸が細く、葉身全体が軟弱で繊細なイメージの種類が多い。
胞子嚢群(写真中段)：メシダ科は線形や鉤形が多く、オシダ科のような円形は少ない。
葉軸表側の溝(写真下段)：メシダ科は羽軸の溝と連続するものが多い。

メシダ科シケシダ属

23-1
シケシダ属

Deparia Hook. et Grev.

シケシダ属は羽軸の溝が葉軸の溝に流れ込まないことで、葉軸の溝と連続する他属から区別される。多くの種は胞子嚢群が線形から長楕円形で大きいが、胞子嚢群が小さく、かつてオオヒメワラビ属 *Dryoanthyrium* とされたオオヒメワラビ、ミドリワラビなども現在は本属に含まれる。日本には21種が知られる。

23-1-01 ヘラシダ

Deparia lancea (Thunb.) Fraser-Jenk.

環境：崖地、斜面。
分布：本州〜九州、琉球列島。
生態：常緑多年草。
形態：葉は単葉①。胞子嚢群は中肋近くから辺縁近くまで側脈に沿ってつく②。包膜は線形、全縁②。葉柄に線形で黒褐色の鱗片がつく③。根茎は横走する。

①千葉県南房総市 2017.12

②葉身の裏側、包膜と胞子嚢群

③葉柄基部の鱗片

23-1-02 ハクモウイノデ

Deparia pycnosora (H. Christ) M. Kato var. *albosquamata* M. Kato

環境：林床、林縁。
分布：北海道〜九州。
生態：夏緑多年草。
形態：羽片はほぼ無柄、下部の羽片は顕著に短い①。裂片間の隙間は狭い②。包膜は長楕円形②。葉柄には鱗片が密につく。鱗片は半透明からのちに褐色になる③。

①東京都八王子市 2008.5

②羽片の裏側、包膜と胞子嚢群

③葉柄基部の鱗片

メシダ科シケシダ属

23-1-03
ウスゲミヤマシケシダ

Deparia pycnosora (H. Christ) M. Kato var. *mucilagina* M. Kato

環境：林床、林縁。
分布：北海道、本州。
生態：夏緑多年草。
形態：葉軸は淡緑色と赤褐色の個体がある①②③。羽片は無柄、裂片間の隙間は狭い②③。葉柄は太くて褐色〜紫褐色、基部に粘液で圧着した鱗片が密につく④。

①静岡県御殿場市 2007.9

②羽片の裏側、胞子嚢群

③羽片の裏側、包膜

④葉柄基部の鱗片

23-1-04
ミヤマシケシダ

Deparia pycnosora (H. Christ) M. Kato var. *pycnosora*

環境：林床、林縁など。
分布：北海道、本州、四国。
生態：夏緑多年草。
形態：全体小形で淡緑色①。羽片の裂片間の隙間はハクモウイノデやウスゲミヤマシケシダにくらべて広い②③。葉柄は細く、基部で鱗片が密につく。胞子に翼状の構造がある④。

①福島県いわき市 2007.8

②羽片の表側

③羽片の裏側、包膜と胞子嚢群

④胞子

メシダ科シケシダ属

①千葉県多古町 2005.6

23-1-05
セイタカシケシダ

Deparia dimorphophylla (Koidz.) M. Kato

環境：林床、林縁。
分布：本州〜九州、琉球列島。
生態：夏緑多年草。
形態：葉軸と羽軸は密に有毛②③。包膜は長楕円形、表面が有毛③④。葉柄は淡緑色または紫褐色。葉は二形性が明瞭。根茎はほふくする。

②葉軸と羽片

③羽片の裏側、包膜と胞子嚢群

④包膜の拡大

①千葉県印西市 2012.5

23-1-06
ムクゲシケシダ

Deparia kiusiana (Koidz.) M. Kato

環境：林床、林縁。
分布：本州〜九州。
生態：夏緑多年草。
形態：葉軸と葉柄に白色〜褐色の半透明の鱗片が密生する②③。包膜は表面が有毛②。葉柄は淡緑色または紫褐色①。葉は二形性が明瞭。根茎は長くほふくする。

②羽片の裏側、包膜と胞子嚢群

③葉柄基部の鱗片

23-1-07
ホソバシケシダ

Deparia conilii (Franch. et Sav.) M. Kato

環境：林床、林縁。
分布：北海道〜九州。
生態：夏緑多年草。
形態：葉身は下部でやや幅が狭くなる①。葉軸と羽軸には毛と鱗片が散生②。包膜は長楕円形〜鉤形、不規則な突起縁で、背中合わせにつくものが多い③。葉は二形性が明瞭で、栄養葉は倒伏し胞子葉は直立する。根茎は長くほふくする。

①千葉県佐倉市 2007.6

②葉軸と羽軸

③羽片の裏側、包膜と胞子嚢群

23-1-08
フモトシケシダ

Deparia pseudoconilii (Seriz.) Seriz. var. *pseudoconilii*

環境：林床、林縁。
分布：北海道〜九州、琉球列島。
生態：夏緑多年草。
形態：葉身の表側は多毛②。最下羽片は顕著に長い①。包膜の両端は不規則な突起縁③。葉軸下部〜葉柄は紫褐色。葉は二形性が明瞭①。根茎は長くほふくする。

①千葉県本埜村 2019.5

②葉身の表側

③羽片の裏側、包膜

千葉県清澄山系で発見された新種 キヨスミシケシダ

千葉県南部の清澄山系は豊富な植物相をもつことで古くから広く知られ、著名な植物学者らが訪れている。この地で記載された新種の植物は多く、シダ植物ではカズサイノデ、キヨズミイノデ、キヨズミオオクジャク、キヨズミオリヅルシダ、キヨズミコケシノブ、キヨズミヒメワラビ、キヨズミメシダ、ジタロウイノデ、ミツイシイノデなどがある。1960年代以降は新種の発見はなかったが、2021年にシケシダ属の新種"キヨスミシケシダ"が発見された(谷城2021a)。

キヨスミシケシダはホソバシケシダ(23-1-07)に似るが、さらに細身の葉身で栄養葉の幅は3.5cm以下、葉柄には鱗片が密生する。コシケシダ(23-1-12)にも似るが、葉には明瞭な二形性があり、胞子葉の葉柄は葉身よりも顕著に長くなることなどで異なる。包膜は著しく不規則な歯牙状に細裂する。胞子の外膜にはナチシケシダ(23-1-11)にも似た長円柱形の突起構造が見られる。さらに同年には清澄の集落近くの草地においてキヨスミシケシダとシケシダの雑種"オオキヨスミシケシダ"も発見された(谷城2021b)。

谷城勝弘(2021a) メシダ科シケシダ属の新種. キヨスミシケシダ. 自然研究雑録3:1-3.
谷城勝弘(2021b) キヨスミシケシダの周辺. 自然研究雑録3:4-6.

参考
キヨスミシケシダ

Deparia nakamurae Yashiro, nom. nud.

環境：主に平坦地や斜面。
分布：千葉県(清澄山系)。
生態：夏緑多年草。
形態：葉は二形性が明瞭。葉柄、葉軸に鱗片が密生する①②。包膜は歯牙状突起縁②(矢印)。胞子の外膜は長円柱形の突起状③。

①千葉県本埜村 2019.5

②小羽片、葉軸、包膜

③胞子

参考(雑種)
オオキヨスミシケシダ

Deparia ×*kiyosumiensis* Yashiro, nom. nud.
キヨスミシケシダ × シケシダ

全体がキヨスミシケシダの2～3倍ほどの大きさになる。外形は一見してオオホソバシケシダ(23-1-雑e)にも似るが、栄養葉の葉軸には鱗片が密生する。包膜の中央は内曲するものが多いが(矢印)、歯牙状突起縁の部分もある①。胞子は大小があり不定形②。

①羽片、葉軸、包膜

②胞子

メシダ科シケシダ属

23-1-09
コヒロハシケシダ

Deparia pseudoconilii (Seriz.) Seriz. var. *subdeltoidofrons* (Seriz.) Seriz.

環境：林床や林縁。
分布：本州、九州。
生態：夏緑多年草。
形態：羽片は中〜深裂、裂片の隙間は広い。裂片は円〜鈍頭①。包膜は狭長楕円形で両端以外は内曲し全縁状。葉柄は淡緑色で基部のみ褐色。葉は二形性が明瞭。

①千葉県我孫子市 2009.8

23-1-10
シケシダ

Deparia japonica (Thunb.) Makino

環境：林床や林縁。
分布：北海道〜九州、屋久島。
生態：夏緑多年草。
形態：羽片は葉軸に70〜80度と近似種に比べて狭い角度でつき、先は鎌状に曲がる①。羽軸には毛がある②。包膜は若いときは縁が内曲する③。葉は二形性がない。根茎は短くほふくする。

①千葉県佐倉市 2007.6

②葉軸と羽片

③羽片の裏側、包膜

メシダ科シケシダ属

23-1-11
ナチシケシダ

Deparia petersenii (Kunze) M. Kato

環境：林縁、斜面、崖。海岸崖地にも生育する。
分布：本州〜九州、琉球列島、小笠原諸島。
生態：夏緑多年草。
形態：葉面は光沢のあるものとないものがある。質は厚い。葉は二形性がない。包膜は狭長楕円形、著しく不規則な歯牙状に細裂する③。根茎は短くほふくする。

①神奈川県真鶴町 2009.3

②羽片の表側

③羽片の裏側、包膜

23-1-12
コシケシダ

Lunathyrium petersenii var. *grammitoides* (C. Presl) H. Ohba

環境：林縁、斜面など。
分布：本州。
生態：夏緑多年草。
形態：葉身は細長い①。羽片はほぼ無柄②。包膜は著しく不規則な歯牙状に細裂する③。葉柄は淡緑色で白色〜淡褐色の開出する鱗片が密につく④。葉は二形性がない。根茎は短くほふくする。

①千葉県館山市 2007.8

②羽片の表側　③羽片の裏側、包膜

④葉柄の鱗片

属名を *Deparia* に組み替える際、コシケシダはナチシケシダと連続するとされ、独立の学名が与えられなかったため、旧属名のままとなっている。本著者は生態的にも形態的にも独立の分類群として認める考えである。

メシダ科シケシダ属

23-1-13
ヒメシケシダ

Deparia petersenii (Kunze) M. Kato var. *yakusimensis* (H. Ito) M. Kato

環境：岩崖、石垣など。
分布：本州(伊豆半島以西)〜九州、琉球列島。
生態：常緑多年草。
形態：葉は同形で二形性はない。葉身は細長く幅は3cmを上回るものは少ない。葉柄は細く鱗片や毛は少ない。羽片は斜上する①②。最下部以外の羽片の基部は葉軸に流れて狭い翼をつくる。包膜は著しく不規則な歯牙状に細裂する②。根茎は短くほふくする。

①鹿児島県南九州市 2012.8

②葉身の裏側、包膜と胞子嚢群

23-1-14
オオヒメワラビ

Deparia okuboana (Makino) M. Kato

環境：林床、林縁。
分布：本州〜九州。
生態：夏緑多年草。
形態：羽片は短い柄がある。羽軸の翼の幅は広い②。小羽片は浅裂〜中裂②③。脈は単条。包膜は円形〜鉤形③。葉柄は淡緑色。根茎は短くほふくする。

①茨城県常陸太田市 2013.11

②羽軸の翼

③羽片の裏側、包膜と胞子嚢群

メシダ科シケシダ属

①東京都あきる野市 2019.11

23-1-15
ミドリワラビ

Deparia viridifrons (Makino) M. Kato

環境：林床、林縁。
分布：本州〜九州。
生態：夏緑多年草。
形態：羽軸の翼は幅が狭い②③。小羽片は中裂〜深裂②③。胞子嚢群は長楕円形〜円形③。葉柄は淡緑色、基部は褐色。根茎は短くほふくする。

②羽片の表側

③羽片の裏側、胞子嚢群

23-1
シケシダ属の雑種

シケシダ属はイノデ属等と同様に比較的容易に雑種を生じる。その場所で両親種が消滅しているにもかかわらず、雑種個体のみが生育していることもある。雑種は両親種の中間的形態を示すが、その変化範囲は幅広く、どちらかの親種に酷似した個体もしばしば見られる。シケシダ属の種間に生じる以下の8雑種（a〜h）について次ページ以降で解説する。

親種\親種	ヘラシダ	セイタカシケシダ	ホソバシケシダ	フモトシケシダ	シケシダ	ナチシケシダ
ヘラシダ						g
セイタカシケシダ			a	b	d	
ホソバシケシダ		a		c	e	
フモトシケシダ		b	c		f	
シケシダ		d	e	f		h
ナチシケシダ	g				h	

a：コセイタカシケシダ
b：セイタカフモトシケシダ
c：ホソバフモトシケシダ
d：ムサシシケシダ
e：オオホソバシケシダ
f：タマシケシダ
g：ノコギリヘラシダ
h：サツマシケシダ

個体の雑種性を見極める際に、胞子の形態観察を併用すれば精度は高まる。シケシダ属に限らず雑種の胞子は大小が混在して不定形のものが多い。写真は左からシケシダ、セイタカシケシダ、両種の雑種のムサシシケシダの胞子の顕微鏡像である。

  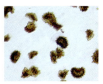

メシダ科シケシダ属

23-1-雑a
コセイタカシケシダ

Deparia conilii × *D. dimorphophylla*

環境：林床、林縁。
分布：本州〜九州。
生態：夏緑多年草。
形態：葉は二形性が明瞭。下方の羽片はやや短い①。葉軸は毛が多い②。包膜は狭長楕円形、全縁〜不規則な鋸歯状、背中合わせのものや表面有毛のものが混在する③。根茎は長くほふくする。

①千葉県香取市 2007.7

②葉軸と羽軸

③羽片の裏側、包膜と胞子嚢群

23-1-雑b
セイタカフモトシケシダ

Deparia dimorphophylla × *D. pseudoconilii* var. *pseudoconilii*

環境：林床、林縁。
分布：本州〜九州。
生態：夏緑多年草。
形態：葉軸下部〜葉柄は淡褐色〜紫褐色。葉は二形。最下羽片は顕著に長い①。羽片は葉軸に広い角度でつく①②。包膜の表面は有毛③④。

①茨城県常陸太田市 2013.11

②羽片の表側

③羽片の裏側、包膜と胞子嚢群

④写真③の部分拡大

メシダ科シケシダ属

23-1-雑c
ホソバフモトシケシダ

Deparia conilii × *D. pseudoconilii* var. *pseudoconilii*

環境：林床、林縁。
分布：北海道〜九州、屋久島。
生態：夏緑多年草。
形態：最下羽片は上方より長い①。フモトシケシダにくらべて葉軸は緑色で、濃紫褐色の部分は葉柄下部に限られる①。葉は二形性があり、胞子葉は葉柄が長くなり直立する①。裂片は円頭〜鈍頭。包膜は全縁〜不規則な鋸歯状、ときに背中合わせのものが混じる②。

①千葉県佐倉市 2007.9

②羽片の裏側、包膜

23-1-雑d
ムサシシケシダ

Deparia ×musashiensis (H. Ohba) Seriz.

環境：林床、林縁。
分布：本州〜九州。
生態：夏緑多年草。
形態：羽片はやや狭い角度につき、先は上側に曲がる①。胞子嚢群は裂片の中肋寄り②。裂片は円頭〜鋭頭②③。包膜の表面は有毛③。葉はやや二形性があるが、顕著な違いはない。

①千葉県多古町 2007.7

②羽片の裏側、包膜と胞子嚢群

③写真②の部分拡大

23-1-雑e
オオホソバシケシダ

Deparia conilii × *D. japonica*

環境：林床、林縁。
分布：北海道〜九州。
生態：夏緑多年草。
形態：羽片の先は鎌状に上側に曲がる①。裂片は円頭〜鈍頭②。包膜は背中合わせのものが多く全縁〜不規則な鋸歯状、縁は内曲するものが多い③。葉は二形性がある。

①千葉県芝山町 2007.4

②羽片の裏側、包膜と胞子嚢群

③裂片、包膜

23-1-雑f
タマシケシダ

Deparia japonica × *D. pseudoconilii* var. *pseudoconilii*

環境：林床、林縁。
分布：本州〜九州。
生態：夏緑多年草。
形態：フモトシケシダに似て葉柄は紫褐色を帯びる。葉は二形性が明瞭。最下羽片は著しく長い①。葉の表面は多細胞毛が多く、葉軸は鱗片が密につく②。包膜の縁は内曲する③。根茎は長くほふくする。

①千葉県多古町 2005.6

②葉面と葉軸、毛と鱗片

③羽片の裏側、包膜

メシダ科シケシダ属

23-1-雑g
ノコギリヘラシダ

Deparia ×tomitaroana (Masam.) R. Sano

環境：湿潤な林縁。
分布：本州（千葉県以西）〜九州、琉球列島。
生態：夏緑多年草。
形態：葉身は浅〜深裂①。包膜は長楕円形②。葉柄には基部が白色で褐色の鱗片がつく③。

①千葉県鴨川市 2011.11

②葉身の裏側、包膜

③葉柄と鱗片

23-1-雑h
サツマシケシダ

Deparia ×birii Fraser-Jenk.

環境：林床、林縁。
分布：本州（千葉県以西）〜九州、種子島、屋久島。
生態：夏緑多年草。
形態：葉はナチシケシダに似て厚い。葉の二形性はない①。包膜は内曲するものが多いが、著しく不規則な歯牙状に細裂する部分が混じる②③。

①千葉県銚子市 2007.6

②羽片の裏側、包膜

③包膜の拡大

23-2
ウラボシノコギリシダ属

Anisocampium C. Presl

葉軸の向軸側の溝はU字形で羽軸の溝と連続する。胞子嚢群は円腎形、馬蹄形、鉤形または長楕円形。根茎が長くはう。従来メシダ属に含まれていたが、分子系統解析の結果別属とされた。日本に2種1雑種がある。

23-2-16
イヌワラビ

Anisocampium niponicum (Mett.) Y. C. Liu, W. L. Chiou & M. Kato

環境：林床、林縁。民家の周辺にも比較的多く生える。
分布：北海道〜九州、屋久島。
生態：夏緑多年草。
形態：羽片は明瞭な柄がある①。胞子嚢群は中肋寄りにつき、包膜は鉤形〜長楕円形で縁は不規則に切れ込む②。胞子が熟すころは包膜がはがれる③。葉柄基部の鱗片は褐色④。萌芽はねじれるように葉身を展開する⑤。

①千葉県千葉市 2018.4

②羽片の裏側、包膜と胞子嚢群 ③胞子嚢群

④葉柄基部の鱗片 ⑤萌芽

参考
ニシキシダ

Athyrium niponicum (Mett.) Hance f. *metallicum* (Makino) Honda

羽軸沿いに白斑の入る品種。写真の個体は羽片の先まで白色となった一型⑥。

当該属の学名はない。

⑥ニシキシダ、千葉県多古町 2009.5

メシダ科ウラボシノコギリシダ属

23-2-17
ウラボシノコギリシダ

Anisocampium sheareri (Baker) Ching

環境：崖地、斜面。
分布：本州〜九州、屋久島。
生態：常緑多年草。
形態：下部の羽片には明瞭な柄があるが、中ほどより先の羽片は無柄。羽片は浅裂①。胞子嚢群は円形〜楕円形で羽軸と辺縁の間に散在してつく②。

①千葉県富津市 2005.12

②羽片の裏側、胞子嚢群

23-2-雑
ホクリクイヌワラビ

Anisocampium ×saitoanum (Sugim.) M. Kato

環境：林床。
分布：本州(千葉県以西)〜九州。
生態：常緑多年草。
形態：イヌワラビとウラボシノコギリシダの推定雑種。羽片の柄は葉身の中ほどまで明瞭①。羽片はウラボシノコギリシダよりも幅広く中〜深裂①②。胞子嚢群は円形のものは少なく鉤形が多い②。根茎により旺盛に繁殖し③、しばしば広範囲に群生する。

①千葉県南房総市 2020.11

②羽片の裏側、包膜と胞子嚢群

③根茎

メシダ属

Athyrium Roth

葉身は単羽状から様々な切れ込みのものまである。羽軸の溝は葉軸の溝に流れ込む。胞子嚢群は葉脈に背生する。包膜は円腎形、馬蹄形、鉤形、長楕円形、線形など様々な形がある。世界の温帯を中心に約220種があり、日本には39種74雑種が知られる。深山から低地の林の林床、林縁に生育する。
包膜のないシケチシダ属が別属として扱われたこともあるが、近年の遺伝子解析の結果や従来のメシダ属との雑種が複数知られることなどからメシダ属と区別できないとされた。

23-3-18 ミヤマメシダ

Athyrium melanolepis (Franch. et Sav.) H. Christ

環境：亜高山帯の林床や草原。
分布：北海道、本州。
生態：夏緑多年草。
形態：小羽片は左右ほぼ同形②。包膜は半月形〜鉤形、縁は細裂して毛状②。葉柄基部の鱗片は黒色で光沢があり硬い③。葉柄は短い。

①長野県佐久穂町 2008.8

②小羽片の裏側、包膜と胞子嚢群

③葉柄基部の鱗片

23-3-19 サトメシダ

Athyrium deltoidofrons Makino

環境：山地の湿地。
分布：北海道〜九州。
生態：夏緑多年草。
形態：葉柄は葉身と同程度に長い。小羽片は左右ほぼ同形①。羽軸の溝は葉軸の溝に流れ込む②。包膜は長楕円形〜鉤形、縁は細裂して毛状③。葉柄基部の鱗片は淡褐色、全縁④。

①群馬県みなかみ町 2005.7

②葉軸と羽軸

③小羽片の裏側、包膜と胞子嚢群

④葉柄基部の鱗片

メシダ科メシダ属

①千葉県香取市 2012.10

23-3-20
ホソバイヌワラビ

Athyrium iseanum Rosenst.

環境:林床、崖。
分布:本州〜九州、屋久島。
生態:夏緑多年草。
形態:小羽片の中肋に顕著な刺状突起がある②。葉軸と羽軸は有毛③。包膜は楕円形〜鉤形③。葉軸の先端に無性芽がつく④。葉柄基部の鱗片は披針形〜狭披針形、褐色⑤。

②小羽片の刺状突起

③小羽片の裏側、包膜と胞子嚢群

④葉軸先端の無性芽

⑤葉柄基部の鱗片

23-3-21
ヤマイヌワラビ

Athyrium vidalii (Franch. et Sav.) Nakai

環境:林床。
分布:北海道〜九州、屋久島。
生態:夏緑多年草。
形態:羽軸は無毛または微毛②。小羽片は浅裂〜全裂②。包膜は長楕円形〜鉤形または馬蹄形③。葉柄基部の鱗片は淡褐色〜褐色④。

①千葉県多古町 2010.7

②羽片と小羽片

③小羽片の裏側、包膜と胞子嚢群

④葉柄基部の鱗片

メシダ科メシダ属

23-3-雑a
オオサトメシダ

Athyrium ×multifidum Rosenst.

環境：林床、林縁。
分布：北海道〜九州。
生態：夏緑多年草。
形態：ヤマイヌワラビとサトメシダの雑種。葉軸はヤマイヌワラビに似て紫褐色を帯びる①②。ヤマイヌワラビの終裂片がさらに細かく切れ込んだような形①②。包膜の縁はサトメシダに似て細裂して毛状②。胞子は大小が混在し不定形③。

①福島県南相馬市 2007.8

②羽片の裏側、包膜と胞子嚢群

③胞子

23-3-22
カラクサイヌワラビ

Athyrium clivicola Tagawa

環境：山地の湿った林床。
分布：北海道〜九州、屋久島。
生態：夏緑多年草。
形態：羽片の柄は短い①。葉軸は無毛でまれに毛を散生。小羽片の耳垂は大きく羽軸に重なる②③。葉柄基部の鱗片は中央が暗褐色で周縁は淡褐色④。
和名：葉の切れ込みの様子が唐草模様に似ることによる。

①千葉県印西市 2019.5

②羽片の表側

③小羽片の裏側、包膜と胞子嚢群

④葉柄基部の鱗片

メシダ科メシダ属

23-3-23
ヒロハイヌワラビ
Athyrium wardii (Hook.) Makino

環境：林床。
分布：本州〜九州、屋久島。
生態：夏緑多年草。
形態：羽軸の裏側は密に有毛②③。葉柄基部の鱗片は中央が暗褐色④。葉柄が紫色を帯びない淡緑色の型をミドリヒロハイヌワラビf. *chloropodum* Sa. Kurataという。

①千葉県山武市 2014.11

②羽片の裏側、包膜

③小羽片、包膜と胞子嚢群

④葉柄基部の鱗片

23-3-雑b
ヤマヒロハイヌワラビ
Athyrium ×pseudowardii Seriz.

環境：林床、林縁。
分布：本州〜九州。
生態：夏緑多年草。
形態：ヤマイヌワラビとヒロハイヌワラビの雑種。ヒロハイヌワラビに似て葉質は厚い。ヤマイヌワラビに似て鉤形の包膜が混じる③。羽軸は毛が散生②③。葉柄基部の鱗片は中央が暗褐色のはっきりした二色性にならない④。

①茨城県つくば市 2006.5

②羽軸と小羽片

③羽片の裏側、包膜と胞子嚢群

④葉柄基部の鱗片

メシダ科メシダ属

23-3-24
ヘビノネゴザ

Athyrium yokoscense (Franch. et Sav.) H. Christ

環境：林床、岩上、崖。
分布：北海道〜九州。
生態：夏緑多年草。
形態：小羽片（裂片）の基部の耳垂は羽軸に沿ってつく②③。包膜は長楕円形〜鉤形②③。葉柄基部の鱗片は中央が褐色〜黒褐色、周縁は淡褐色④。
和名：葉の叢生する様子を蛇が寝るためのゴザに見立てた。

①群馬県月夜野町 2005.7

②羽片の裏側、包膜と胞子嚢群

③裂片、包膜

④葉柄基部の鱗片

23-3-25
タニイヌワラビ

Athyrium otophorum (Miq.) Koidz.

環境：林床、崖。
分布：本州〜九州、屋久島。
生態：常緑多年草。
形態：羽片はほぼ無柄②。羽軸は無毛②③。小羽片は鋭頭③。葉柄基部の鱗片は黒褐色④。葉柄が緑色の品種をミドリタニイヌワラビ f. *viridescens* Sa. Kurata という。

①千葉県香取市 2007.7

②葉軸と羽軸

③羽片の裏側、包膜と胞子嚢群

④葉柄基部の鱗片

メシダ科メシダ属

23-3-26
シケチシダ

Athyrium decurrentialatum (Hook.) Copel.

環境：湿潤な林床、林縁。
分布：本州〜九州、屋久島。
生態：夏緑多年草。
形態：葉は2回羽状深裂〜全裂①。羽片の分岐点に刺状突起がある②。葉軸、羽軸は無毛②③。胞子嚢群は長楕円形〜線形で包膜はない③。

①千葉県多古町 2007.10

②葉軸と羽軸、写真右は刺状突起

③羽片の裏側、胞子嚢群

23-3-27
タカオシケチシダ

Athyrium decurrentialatum (Hook.) Copel. f. *platyphyllum* (H. Ito) Seriz.

環境：湿潤な林床、林縁。
分布：本州〜九州。
生態：夏緑多年草。
形態：葉は2回羽状深裂〜全裂①。葉軸の裏側と羽軸に毛が多くざらつく③。シケチシダよりも分布、生育量は少ない。

①千葉県香取市 2003.11

②葉軸と羽軸

③羽片の裏側、胞子嚢群

メシダ科メシダ属

23-3-28
ハコネシケチシダ

Athyrium christensenianum (Koidz.) Seriz.

環境：林床、林縁。
分布：本州～九州。
生態：夏緑多年草。
形態：葉身は3回羽状中～深裂①。小羽片は無柄で基部は流れて羽軸の狭い翼となる②。胞子嚢群は長楕円形～線形、裂片の中肋と辺縁の中間生③。

①茨城県常陸太田市 2013.11

②羽軸と小羽片

③羽片の裏側、胞子嚢群

23-3-29
イッポンワラビ

Athyrium crenulatoserrulatum Makino

環境：林床、林縁。
分布：北海道、本州。
生態：夏緑多年草。
形態：葉身は3回羽状深裂①。小羽片はごく短い柄がある②。葉軸と羽軸には細かい鱗片や毛がある②。胞子嚢群は円形～楕円形でやや辺縁寄りにつく③。

①茨城県北茨城市 2013.10

②葉軸と羽軸

③羽片の裏側、胞子嚢群

23-4 ノコギリシダ属

Diplazium Sw.

葉柄の鱗片の辺縁に突起が出るものが多い。葉軸表側の溝は普通断面がU字形で、羽軸の溝と連続する。胞子嚢群は線形または長楕円形。日本に31種25雑種。

23-4-30 ノコギリシダ

Diplazium wichurae (Mett.) Diels

環境:山地の林床の陰湿地や岩場。
分布:本州〜九州、琉球列島、小笠原諸島。
生態:常緑多年草。
形態:葉の表面は光沢のある暗緑色。葉はほぼ革質①。根茎は長く横走し、葉を散生する②。羽片に柄があり、基部は耳状に突出する③。胞子嚢群は中肋寄りで線形、包膜は全縁④。葉柄基部の鱗片は褐色で全縁⑤。

①千葉県館山市 2007.11

②群生、千葉県館山市 2007.11

④羽片の裏側、包膜と胞子嚢群

③羽片、耳状に突出した基部

⑤葉柄基部の鱗片

メシダ科ノコギリシダ属

23-4-31
ミヤマノコギリシダ

Diplazium mettenianum (Miq.) C. Chr.

環境:山地の林床。
分布:本州〜九州、琉球列島。
生態:常緑多年草。
形態:葉身は2回羽状浅裂〜中裂。表面は緑色。葉は紙質①。下部の羽片は柄がある。胞子嚢群は中間生〜中肋寄り、線形、包膜は全縁②③。葉柄の鱗片は褐色〜黒褐色で辺縁に小突起がある④⑤。

①千葉県鹿野山 2019.7

③羽片の裏側、包膜と胞子嚢群

④葉柄基部の鱗片

②羽片と小羽片

⑤鱗片の拡大

23-4-32
ミヤマシダ

Diplazium sibiricum (Turcz. ex Kunze) Sa. Kurata var. *glabrum* (Tagawa) Sa. Kurata

環境:山地の林床。
分布:北海道、本州、四国。
生態:夏緑多年草。
形態:3回羽状複葉で小羽片の辺縁は深〜全裂①②。葉は草質。根茎は長く横走し、葉は離れて出る。羽軸や小羽軸は無毛。胞子嚢群は中肋寄りにつき線形③。葉柄や葉軸に光沢のある黒褐色の鱗片がつき、基部で密④。

①長野県佐久穂町 2021.5

②羽片と小羽片

③小羽片の裏側、包膜と胞子嚢群

④葉柄の鱗片

メシダ科ノコギリシダ属

23-4-33
キヨタキシダ

Diplazium squamigerum (Mett.) Matsum.

環境：山地の林床のやや湿った場所。
分布：北海道〜九州。
生態：夏緑多年草。
形態：葉身は三角形で2回羽状複葉。小羽片の辺縁は浅〜深裂①②。葉は草質。胞子嚢群は中肋寄りに斜上してつき、線形②。根茎は短く横走〜斜上し、葉はまとまって出る。葉柄や葉軸に光沢のある黒褐色の鱗片がつき、基部で密③。

①山梨県大月市 2021.5

②羽片の裏側、包膜と胞子嚢群　③葉柄の鱗片

23-4-34
ヌリワラビ

Diplazium mesosorum (Makino) Koidz.

環境：山地の林床のやや湿った場所。
分布：本州〜九州。
生態：夏緑多年草。
形態：2回羽状複葉で下部は3回羽状複葉①。葉は草質。葉柄は赤褐色〜黄褐色で光沢があり、下部の鱗片は淡褐色〜褐色で全縁〜まばらに毛がある③。胞子嚢群は中肋に接して斜上してつき、長楕円形〜楕円形②。根茎は横走する。

①東京都八王子市 2008.5

②羽片の裏側、包膜と胞子嚢群　③葉柄の鱗片

独立科ヌリワラビ科ヌリワラビ属として *Rhachidosorus mesosorus* (Makino) Chingの学名をあてる見解などもある（海老原2016）。分類について研究の途上との判断から、本書では従来多く用いられてきたノコギリシダ属に含めた。

メシダ科ノコギリシダ属

23-4-35
コクモウクジャク
Diplazium virescens Kunze

環境：山地の林床のやや湿った場所。
分布：本州（南関東以西）〜九州、琉球列島、小笠原諸島。
生態：常緑多年草。
形態：2回羽状複葉〜3回羽状中裂①。葉は硬い紙質。小羽片は披針形〜三角状披針形で先はとがる②。胞子嚢群は中間生で長楕円形〜線形③。包膜は薄い膜質で縁は不規則な鋸歯状。葉柄の鱗片は基部に密生し黒褐色で光沢がある④。鱗片は硬い膜質で辺縁に刺状の突起がある。根茎は長く横走。

①山梨県大月市 2021.5

②羽片と小羽片

④葉柄の鱗片

③小羽片の裏側、胞子嚢群

23-4-36
シロヤマシダ
Diplazium hachijoense Nakai

環境：山地の林床のやや湿った場所。
分布：本州〜九州、琉球列島。
生態：常緑多年草（北方では夏緑）。
形態：2回羽状深裂①。葉はやや厚い草質。羽片は三角状披針形②。葉柄の鱗片は萌芽期に多くつくが早落性。鱗片は披針形〜広披針形、淡褐色〜褐色で膜質、全縁④。胞子嚢群は中間生で線形③、包膜は膜質で全縁まれに鋸歯縁。根茎は太く横走し、葉は混み合ってつく。

①千葉県鴨川市 2019.9

②羽片と小羽片

③小羽片の裏側、胞子嚢群

④葉柄基部の鱗片（4月の萌芽期）

23-4-37
ヒカゲワラビ

Diplazium chinense (Baker) C. Chr.

環境：山地の林床のやや陰湿な場所。
分布：本州〜九州、琉球列島。
生態：夏緑多年草（暖地では常緑）。
形態：3回羽状深裂〜4回羽状浅裂。葉は鮮緑色で草質①。胞子嚢群は狭長楕円形で裂片の中肋の両側につく②。葉柄の鱗片は褐色〜黒褐色で全縁③。根茎は短く横走する。

①千葉県君津市 2019.7

②小羽片の裏側、包膜と胞子嚢群　③葉柄基部の鱗片

23-4-38
オニヒカゲワラビ

Diplazium nipponicum Tagawa

環境：山地のやや陰湿な林床。
分布：本州〜九州、屋久島。
生態：常緑多年草。
形態：2回羽状複葉。小羽片は中裂〜深裂。葉は黄緑色で草質①。胞子嚢群は線形で中肋寄り②。包膜は薄い膜質で縁は細裂。葉軸、羽軸、小羽軸の裏側に小さな鱗片と毛がある③。葉柄の鱗片は黒褐色〜褐色でやや密につき、辺縁に突起がある④。根茎は短くほふくする。

①千葉県成田市 2021.6

②小羽片の裏側、包膜と胞子嚢群

③羽軸の毛と鱗片　④葉柄の鱗片

24 オシダ科　Dryopteridaceae

葉身は単葉から4回羽状複葉。鱗片、腺毛をもつものがあり、有毛のものは比較的まれ。葉脈は遊離または網状で、遊離小脈があるものとないものがある。胞子嚢群は普通円形だが、明瞭な胞子嚢群をつくらず、裏側全体につくものもある。包膜は円腎形または円形で楯状、まれに包膜のない種がある。胞子は二面体型で単溝。日本にオシダ亜科5属、アツイタ亜科2属の計7属が分布する。

24-1 カツモウイノデ属

Ctenitis (C. Chr.) C. Chr

地上生または岩上生で根茎は直立または斜上する。葉柄の鱗片は格子状。葉身は1回〜3回羽状複葉で葉脈は遊離する。胞子嚢群の多くは、脈上生で円形。包膜は円腎形。日本に6種。

カツモウイノデの葉柄の鱗片

24-1-01 カツモウイノデ

Ctenitis subglandulosa (Hance) Ching

環境：地上生。
分布：本州〜九州、琉球列島。
生態：常緑多年草。
形態：葉身は卵状三角形、3回羽状深裂、最下羽片が最大でやや不斉の三角形、長さ1.5〜2.5cmの柄がある①。葉は草質で、表面は鮮緑色。葉柄は長さ40〜80cm、密に鱗片をつける。葉柄基部の鱗片は黄褐色、線形で全縁③。胞子嚢群は小羽軸(裂片の中肋)近くにつく④。包膜は円形で縁が不規則に裂け、腺状や毛状の突起がある。根茎には鱗片があり、短く横走するか斜上して葉を叢生する。

①千葉県館山市 2021.2

②羽軸の鱗片

③葉柄基部の鱗片

④羽片の裏側、胞子嚢群

オシダ科オシダ属

①千葉県鴨川市 2004.12

24-2
オシダ属
Dryopteris Adans.

葉身は1～数回羽状に分裂し、単葉のものはない。胞子嚢群は円形で包膜は円腎形、まれに包膜のない種もある。日本には無融合生殖をする種が多い。日本には約80種が知られるが、本書では以下の36種と一部の雑種について解説する。

②脈上の多細胞の毛

③小羽片の裏側、包膜と胞子嚢群

④葉柄基部の鱗片

24-2-02
キヨスミヒメワラビ
Dryopteris maximowicziana (Miq.) C. Chr.

環境：林床。
分布：本州～九州、屋久島。
生態：常緑多年草。
形態：葉の表側の脈上に関節のある多細胞の毛がある②。胞子嚢群は裂片の辺縁近くにつく③。葉軸や葉柄基部に先が褐色で基部が白色の鱗片が密生する④。

①千葉県鴨川市 2004.12

24-2-03
ナガサキシダ
Dryopteris sieboldii (van Houtte ex Mett.) Kuntze

環境：林床。
分布：本州(関東以西)～九州。
生態：常緑多年草。
形態：葉質は厚く硬い。葉身は1回羽状複葉ではっきりした頂羽片がある①。胞子嚢群は羽片に散在②。葉柄の基部には披針形で淡い褐色の鱗片をつける③。④：ナガサキシダモドキ *D. ×toyamae* Tagawa ナガサキシダに似るが羽片がさらに切れ込む。ナガサキシダとクマワラビの雑種。

②羽片の裏側、包膜と胞子嚢群

③葉柄基部の鱗片

④ナガサキシダモドキ
千葉県鴨川市 2003.4

オシダ科オシダ属

24-2-04
タニヘゴ

Dryopteris tokyoensis (Matsum. ex Makino) C. Chr.

環境：林床。
分布：本州（関東以西）～九州。
生態：常緑多年草。
形態：葉質は厚く硬い。葉身は1回羽状複葉で頂羽片は不明瞭①。胞子嚢群は羽片に散在②。葉柄基部に披針形で淡い褐色の鱗片をつける③。

①福島県北塩原村 2007.8

②羽片の裏側、包膜と胞子嚢群

③標本：千葉県白井市 2013.10

24-2-05
クマワラビ

Dryopteris lacera (Thunb.) Kuntze

環境：山地の林床や林縁。
分布：北海道～九州。
生態：常緑多年草。
形態：胞子嚢群のついた葉身上方の羽片は短縮する①。包膜は円腎形②。裂片の先端は鋭頭で表側の葉脈はくぼむ。葉柄基部の鱗片は褐色～赤褐色で卵状長楕円形～披針形③。胞子は定型④。

①千葉県成田市 2011.5

②羽片の裏側、包膜と胞子嚢群

③葉柄基部の鱗片

④胞子

オシダ科オシダ属

24-2-06
オクマワラビ

Dryopteris uniformis (Makino) Makino

環境：林床や林縁。
分布：北海道〜九州。
生態：常緑多年草。
形態：胞子嚢群は葉身の上半部につき、胞子嚢がつく羽片は顕著に縮むことはない①。裂片の先は鈍頭②。包膜は円腎形で全縁③。葉柄基部の鱗片は黒褐色④。胞子は定型⑤。

①千葉県山武市 2013.12

②羽片の裏側、包膜と胞子嚢群

③包膜と胞子嚢群

④葉柄基部の鱗片

⑤胞子

24-2-雑a
アイノコクマワラビ

Dryopteris ×mituii Serizawa
クマワラビ × オクマワラビ

環境：林床や林縁。
分布：本州（関東以西）〜九州。
生態：常緑多年草。
形態：胞子嚢群のついた葉身の上方1/3ほどの羽片はやや縮む①。裂片の先は鈍頭〜鋭頭②。葉柄基部の鱗片は褐色〜黒褐色③。胞子は大小があり不定形④。

①千葉県山武市 2006.7

②羽片の裏側、包膜と胞子嚢群

③葉柄基部の鱗片

④胞子

オシダ科オシダ属

24-2-07
ワカナシダ

Dryopteris pycnopteroides (Christ) C. Chr.

環境：山地の湿った林床。
分布：本州(関東以西)～九州。
生態：常緑多年草。
形態：下部の羽片はしだいに短くなる①。羽片は中裂。葉脈は表側でくぼむ②。胞子嚢群は中間生③。葉柄基部の鱗片は褐色～黒褐色で辺縁に小突起がある④。

①千葉県山武市 2003.11

②羽片の表側

③羽片の裏側、胞子嚢群

④葉柄基部の鱗片

雑種の特徴的な形質発現

両親種の中間形質が現われるのが雑種の一般的特徴である。しかし、同一株から出る葉のそれぞれが一方の親種に非常に近い形態のものから両種の中間のものまで様々な形質を発現する場合がある。

写真はイヌワカナシダ *Dryopteris* ×*yuyamae* Sa. Kurataである。イヌワカナシダはワカナシダとオクマワラビの雑種として新記載された。記載文には「…下部羽片が殆ど短縮せず、羽片はワカナシダより深く、オクマワラビよりも浅く裂け、中・下部羽片ではその基部は深～全裂、中部以上は中裂程度である。…」とある。

上段①の葉は葉身の幅が狭く、下部羽片が短縮して切れ込みも浅くワカナシダに酷似している。

下段③の葉は下部羽片がほとんど短縮せず羽片の切れ込みが深くオクマワラビに酷似する。

中段②の葉がイヌワカナシダの記載文によく合致する両親種の中間形質を発現している。

同一株に生じる葉にもこのような変異の幅があることは、シダの他の雑種にもしばしば認められる。雑種個体の両親の特定にも役立つ特徴的な形質発現の事例である。

イヌワカナシダ 千葉県山武市 2006.2

オシダ科オシダ属

24-2-08
イワヘゴ

Dryopteris atrata (Wall. ex Kunze) Ching

環境：林床。
分布：本州〜九州、種子島。
生態：常緑多年草。
形態：葉身は淡緑色、側羽片は29〜35対①。羽片は無柄で浅裂②。胞子嚢群はやや羽軸寄りに散在、包膜は円腎形③。葉柄基部の鱗片は褐色〜黒褐色④。

①千葉県多古町 2005.12

②羽片の表側　③羽片の裏側、包膜と胞子嚢群　④葉柄基部の鱗片

24-2-09
ツクシイワヘゴ

Dryopteris commixta Tagawa

環境：林床。
分布：本州〜九州。
生態：常緑多年草。
形態：側羽片は23〜27対①。葉軸の鱗片は黒色、羽片は浅裂②。胞子嚢群は辺縁と中肋の中間に散在し包膜は早落性③。葉柄基部の鱗片は黒褐色、辺縁に小突起がある④。

①千葉県山武市 2006.7

②羽片の表側　③羽片の裏側、胞子嚢群　④葉柄基部の鱗片

オシダ科オシダ属

24-2-雑b
イワヘゴモドキ

Dryopteris ×*mayebarae* Tagawa
ツクシイワヘゴ × オクマワラビ

環境：林床。
分布：本州(千葉県以西)〜九州。
生態：常緑多年草。
形態：羽片は中〜深裂②。葉軸の鱗片は褐色〜黒色②③。胞子嚢群は羽片に散在③。葉柄基部の鱗片は黒褐色④。胞子の形成のない胞子嚢が多い⑤。

①千葉県多古町 2005.1

②葉軸と羽片

③羽片の裏側、包膜と胞子嚢群

④葉柄基部の鱗片

⑤胞子嚢、胞子なし

24-2-10
オオクジャクシダ

Dryopteris dickinsii (Franch. et Sav.) C. Chr.

環境：山地の林床。
分布：北海道〜九州。
生態：常緑多年草。
形態：側羽片は26〜32対①。羽片は浅裂、葉軸の鱗片は褐色〜黒褐色②。胞子嚢群は羽軸の両側以外に散在③。葉柄基部の鱗片は褐色④。

①東京都八王子市 2008.5

②羽片の表側

③羽片の裏側、包膜と胞子嚢群

④葉柄基部の鱗片

オシダ科オシダ属

24-2-11
キヨズミオオクジャク

Dryopteris namegatae (Sa. Kurata) Sa. Kurata

環境：山地の林床。
分布：本州（関東地方以西）～九州。
生態：常緑多年草。
形態：側羽片は31～34対①。葉軸の鱗片は黒褐色、羽片は浅裂②。胞子嚢群は中間～辺縁寄りにつく③。葉柄基部の鱗片は黒褐色④。

①千葉県君津市 2007.8

②羽片の表側

③羽片の裏側、包膜と胞子嚢群

④葉柄基部の鱗片

24-2-12
ミヤマクマワラビ

Dryopteris polylepis (Franch. et Sav.) C. Chr.

環境：山地の林床や林縁。
分布：本州～九州。
生態：常緑多年草。
形態：側羽片は34～38対①。葉軸の鱗片は黒褐色②。胞子嚢群は中間～やや辺縁寄り②。葉柄基部の鱗片は黒褐色③。胞子は定型で表面は翼状の突起がある④。

①群馬県赤城山 2006.5

②羽片の裏側、包膜と胞子嚢群

③葉柄基部の鱗片

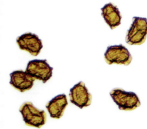
④胞子

オシダ科オシダ属

24-2-13
オシダ

Dryopteris crassirhizoma Nakai

環境：山地の林床や林縁。
分布：北海道〜四国。
生態：常緑多年草。
形態：側羽片は40〜46対。葉身下部の羽片は短くなる①。葉軸の鱗片は淡褐色。胞子嚢群は裂片の中肋寄り②。葉柄基部の鱗片は褐色③。胞子は定型で表面にこぶ状の突起がある④。

①群馬県月夜野町 2005.7

②羽片の裏側、包膜と胞子嚢群

③葉柄基部の鱗片

④胞子

24-2-雑c
クマオシダ

Dryopteris ×tokudae Sugim.
オシダ × ミヤマクマワラビ

環境：山地の林床。
分布：本州、四国。
生態：常緑多年草。
形態：葉軸の鱗片は辺縁が淡褐色で中央部が濃褐色。胞子嚢群は裂片に散在②。葉柄基部の鱗片は濃褐色③。胞子は大小があり表面は翼状またはこぶ状の突起がある④。

①長野県富士見町 2009.7

②羽片の裏側、包膜

③葉柄基部の鱗片

④胞子

オシダ科オシダ属

24-2-雑d
フジオシダ

Dryopteris ×*watanabei* Sa. Kurata
オシダ × オクマワラビ
環境：山地の林床。
分布：本州。
生態：常緑多年草。
形態：葉柄は短く葉身下部の羽片はオシダに似て短くなる①。葉軸の鱗片はオクマワラビよりも色が淡く密生する②。葉柄基部の鱗片は披針形でオシダよりも濃い褐色③。胞子は大小があり不定形④。

①千葉県山武市 2003.11

②羽片の裏側、胞子嚢群

③葉柄基部の鱗片

④胞子

24-2-14
ミヤマベニシダ

Dryopteris monticola (Makino) C. Chr.
環境：山地の林床や林縁。
分布：北海道〜九州。
生態：夏緑多年草。
形態：葉質はやや厚く軟らかい。根茎は短く横走。葉身は2回羽状深裂〜全裂②③。葉軸の鱗片は淡褐色。裂片は鈍頭〜円頭。胞子嚢群は中肋寄りに並ぶ③。

①長野県佐久穂町 2008.8

②葉身

③羽片の裏側、包膜と胞子嚢群

オシダ科オシダ属

24-2-15
シラネワラビ

Dryopteris expansa (C. Presl) Fraser-Jenk. & Jermy

環境：山地の林床。
分布：北海道〜九州。
生態：常緑多年草。
形態：葉身は五角状①。胞子嚢群はほぼ円形で中肋と辺縁の中間生。裂片の先は鋭鋸歯〜芒状②。葉柄基部の鱗片は淡褐色で中央が濃褐色のものがある③。

①北海道釧路市 2016.8

②羽片の裏側、包膜と胞子嚢群

③葉柄基部の鱗片

④群生、長野県小海町 2008.8

24-2-16
ミヤマイタチシダ

Dryopteris sabaei (Franch. et Sav.) C. Chr.

環境：山地の林床。
分布：北海道〜九州。
生態：常緑多年草。
形態：葉身は鮮緑色。胞子嚢群は葉身の上半部のみにつく①。葉脈は表側でややくぼむ②。胞子嚢群は小羽片の中肋寄りにつく③。葉柄基部の鱗片は広卵形〜披針形④。

①福島県猪苗代町 2007.8

②葉脈、羽軸

③小羽片、包膜と胞子嚢群

④葉柄基部の鱗片

オシダ科オシダ属

24-2-17
ミサキカグマ

Dryopteris chinensis (Baker) Koidz.

環境：山地の林縁。
分布：本州〜九州。
生態：夏緑多年草。
形態：葉身は五角状広卵形で長さ15〜30cm、3回羽状深裂①。小羽片は長楕円形で鈍頭、粗い鋸歯縁②。胞子嚢群は辺縁寄り③。葉柄基部の鱗片は卵状披針形で黒褐色④。

①福島県南相馬市 2007.8

②羽片の表側

③羽片の裏側、包膜と胞子嚢群

④葉柄基部の鱗片

24-2-18
ナガバノイタチシダ

Dryopteris sparsa (Buch. -Ham. ex D. Don) Kuntze

環境：低山地の林床や林縁。
分布：本州(関東以西)〜九州、琉球列島。
生態：常緑多年草。
形態：葉質はやや厚く、葉身に鱗片はほとんど残らない。羽軸の表側は深い溝がある②。包膜は全縁③。羽片には柄があり、葉軸は基部に向けて褐色〜紫褐色④。

①千葉県成田市 2021.6

②羽軸と小羽軸の溝

③包膜と胞子嚢群

④標本：千葉県山武市 2003.3

オシダ科オシダ属

24-2-19
サクライカグマ

Dryopteris gymnophylla (Baker) C. Chr.

環境：低山地の斜面。
分布：本州、九州。
生態：常緑多年草。
形態：葉身は淡緑色。下部の羽片には長い柄がある①④。羽軸の鱗片はごくまばら。胞子嚢群は中間生②。胞子はこぶ状の突起がある③。葉柄基部の鱗片は披針形で濃褐色。

①福島県南相馬市 2007.8

②羽片の裏側、包膜と胞子嚢群

③胞子

④標本：千葉県八街市 1989.2

24-2-20
イワイタチシダ

Dryopteris saxifraga H. Ito

環境：山地の林縁。
分布：北海道～九州。
生態：常緑多年草。
形態：葉身は三角状披針形、淡緑色①。小羽片はほぼ無柄、胞子嚢群は中間生②。葉柄の中ほどの鱗片は反り返り、黒褐色で基部が褐色の袋状③、基部の鱗片は黒褐色で辺縁が褐色④。

①福島県いわき市 2007.8

②羽片の裏側、包膜と胞子嚢群

③葉柄の中ほどの鱗片

④葉柄基部の鱗片

オシダ科オシダ属

①茨城県北茨城市 2013.10

24-2-21
イヌイワイタチシダ
Dryopteris saxifragivaria Nakai

環境：山地の岩上や崖地。
分布：北海道～九州。
生態：常緑多年草。
形態：イワイタチシダに似るが葉身はやや幅広く①、小羽片は1.3～1.9cmと長い②。羽軸の鱗片の基部は褐色で袋状②。葉柄の鱗片は12～15mmでイワイタチシダの7～12mmより長い③④。

②羽片の裏側、包膜

③葉柄の中ほどの鱗片

④葉柄基部の鱗片

①福島県南相馬市 2007.8

24-2-22
ナンカイイタチシダ
Dryopteris varia (L.) Kuntze

環境：低山地の斜面や林縁。
分布：本州（千葉県以西）～九州、琉球列島。
生態：常緑多年草。
形態：葉質は厚く光沢のないものが多い。最下羽片の第1小羽片は顕著に長い①。胞子嚢群は裂片の辺縁寄りにつく②。葉柄の鱗片は赤褐色～黒褐色③④。

②羽片の裏側、包膜

③葉柄の中ほどの鱗片

④葉柄基部の鱗片

オシダ科オシダ属

24-2-23
オオイタチシダ

Dryopteris hikonensis (H. Ito) Nakaike

環境：山地の林縁。
分布：北海道〜九州、琉球列島。
生態：常緑多年草。
形態：葉身は色彩も形も多様。最下羽片の下向きの第1小羽片が突出して長い①。裂片は鋭くとがり鋸歯は明瞭②。胞子嚢群は中間生②。葉柄の鱗片は黒褐色で反り返るものはない③④。

①千葉県香取市 2010.6

②小羽片の裏側、包膜

③葉柄の中ほどの鱗片

④葉柄基部の鱗片

24-2-24
ヤマイタチシダ

Dryopteris bissetiana (Baker) C. Chr.

環境：山地の林縁や崖地。
分布：北海道〜九州。
生態：常緑多年草。
形態：平面上で上下の羽片はほとんど重ならない①。裂片の辺縁は鋸歯状にならない②。胞子嚢群は中間生で包膜は円腎形③。葉柄の鱗片は黒褐色④。胞子はこぶ状突起がある。

①福島県南相馬市 2007.8

②羽片の表側

③羽片の裏側、包膜と胞子嚢群

④葉柄の中ほどの鱗片

オシダ科オシダ属

オオイタチシダの諸型

これまでオオイタチシダとされてきたものは、近年の分子系統学的解析により祖先種が異なる3系統があることが判明している。池畑（2006）は実際に観察されるオオイタチシダの諸型を「5つの型」として紹介しているが、このほか無光沢広葉型といえる型もある。

細葉型: 葉は暗緑色でガラス光沢がある。小羽片は細めで先は著しく鎌状に曲がる。

広葉型: 葉は暗緑色で光沢がある。小羽片は幅広く先は著しく鎌状に曲がることはない。

長葉型: 葉は光沢があり、葉身は長く普通は65cm以上で垂れ下がる傾向。最下羽片の下側の第1小羽片は第2小羽片からの延長線程度。包膜は普通灰白色であるが、中心が赤いベニオオイタチシダと呼ばれる型もある。

無光沢(つやなし)型: 葉は光沢がなく黄緑色。最下羽片の下側の第1小羽片は目立って長くはない。

硬葉型: 葉は光沢がない。最下羽片の下側第1小羽片は目立って長い。全形はナンカイイタチシダに似る。

無光沢広葉型: 全形は広葉型に似るが葉面に光沢がない。

細葉型　　　広葉型　　　長葉型
長葉型（ベニオオイタチシダ）　　　無光沢型　　　無光沢広葉型

オオイタチシダとヤマイタチシダを羽片の重なりで見分ける

オオイタチシダとヤマイタチシダは外部形態がよく似ていて識別に迷うことがあるが、両種を羽片の重なりの程度から識別できる。
平面上に置いたときに、オオイタチシダでは上下の羽片に重なり合う部分が多いが、ヤマイタチシダは重ならない。オオイタチシダの中にも重なりがないものがあるが、羽片間のすき間はヤマイタチシダのように顕著ではない。

オオイタチシダ 千葉県成田市 1996.12　　ヤマイタチシダ 千葉県多古町 1994.2

オシダ科オシダ属

24-2-25
ヒメイタチシダ

Dryopteris sacrosancta Koidz.

環境：山地の林縁や崖地。
分布：本州～九州。
生態：常緑多年草。
形態：葉身は五角形～卵形で上下の羽片は平面上で重なる部分が多い①④。葉軸と葉柄の鱗片は黒色②③。

①千葉県多古町 2010.6

②小羽片の裏側、包膜

③葉柄基部の鱗片

④標本：千葉県成田市 1991.1

24-2-26
リョウトウイタチシダ

Dryopteris kobayashii Kitag.

環境：山地の林縁や崖地。
分布：本州～九州。
生態：常緑多年草。
形態：葉身は三角状卵形。ヒメイタチシダに似るが葉質は薄く羽片は平面上で重なる部分が少ない①④。

①東京都奥多摩町 2020.10

②羽片の裏側、胞子嚢群

③葉柄基部の鱗片

④標本：千葉県松戸市 1988.10

オシダ科オシダ属

24-2-27
サイゴクベニシダ

Dryopteris championii (Benth.) C. Chr. ex Ching

環境：林床、やや乾いた斜面。
分布：本州〜九州。
生態：常緑多年草。
形態：葉質はやや硬く表面は強い光沢がある①。葉軸には褐色の鱗片が密につく②。胞子嚢群はやや辺縁寄り②。葉柄の鱗片は褐色で密につく③④。

①千葉県成田市 2021.6

②羽片の裏側、包膜と胞子嚢群

③葉柄の中ほどの鱗片

④葉柄基部の鱗片

24-2-28
ギフベニシダ

Dryopteris kinkiensis Koidz. ex Tagawa

環境：低山地の林床や林縁。
分布：本州〜九州。
生態：常緑多年草。
形態：羽片は鎌状に曲がらない①④。小羽片は中〜深裂②。胞子嚢群は中肋寄り〜辺縁寄り②。葉柄基部の鱗片は褐色で、先端と基部が紫褐色のものがある③。

①千葉県成田市 2021.6

②小羽片の裏側、包膜と胞子嚢群

③葉柄基部の鱗片

④標本：静岡県細江町 1988.7

オシダ科オシダ属

24-2-29
マルバベニシダ
Dryopteris fuscipes C. Chr.

環境：低山地の林床や林縁。
分布：本州〜九州、種子島。
生態：常緑多年草。
形態：葉身は三角状卵形で黄緑色①、展葉時は紅色。小羽片は長楕円形で鈍頭①④。胞子嚢群は中肋寄り、包膜は円腎形で灰白色②。葉柄基部の鱗片は赤褐色③。

①千葉県印西市 2019.11

②裂片の裏側、包膜

③葉柄基部の鱗片

④標本：愛知県御津町 1996.2

24-2-30
エンシュウベニシダ
Dryopteris medioxima Koidz.

環境：低山地の林床や林縁。
分布：本州（関東以西）〜九州。
生態：常緑多年草。
形態：葉身は三角状卵形で緑色①④。小羽片は基部の耳垂が発達②。胞子嚢群は中肋寄り②。葉柄基部の鱗片は赤褐色で先は尾状に長い③。

①千葉県香取市 2016.1

②小羽片の裏側、包膜と胞子嚢群

③葉柄基部の鱗片

④標本：千葉県成田市 1987.1

オシダ科オシダ属

24-2-31
トウゴクシダ
Dryopteris nipponensis Koidz.

環境：山地の林床や林縁。
分布：本州〜九州、琉球列島。
生態：常緑多年草。
形態：葉身は三角状卵形で光沢は少なく、胞子嚢をつけた羽片は小さくなる①④。包膜は中肋寄り②。羽軸に黒褐色の鱗片が多い②。葉柄基部の鱗片は黒褐色③。

①千葉県君津市 2004.12

②羽片の裏側、包膜

③葉柄基部の鱗片

④標本：千葉県山武市 2013.11

24-2-32
オオベニシダ
Dryopteris hondoensis Koidz.

環境：低山地の林床や林縁。
分布：本州〜九州。
生態：常緑多年草。
形態：葉身は淡黄色①。胞子嚢群は中肋寄り②。包膜の中心が淡紅色のものをホホベニオオベニシダ f. *rubrisora* Sa. Kurataとする③。

①千葉県成田市 2006.1

②羽片の裏側、包膜

③ホホベニオオベニシダの裂片と包膜

④標本：千葉県多古町 1996.2

オシダ科オシダ属

24-2-33
ベニシダ

Dryopteris erythrosora (D. C. Eaton) Kuntze

環境：林床や林縁。
分布：本州〜九州、琉球列島。
生態：常緑多年草。
形態：葉身は三角状長楕円形①④だが、変異がきわめて大きい。小羽片は狭長楕円形で包膜は紅色、胞子嚢群は中肋寄り②。葉柄基部の鱗片は褐色〜黒褐色③。

①千葉県君津市 2004.12

②羽片の裏側、包膜

③葉柄基部の鱗片

④標本：千葉県多古町 2000.7

シダの表皮と気孔の観察

ピンセットで表皮をはがし、それをスライドグラスにとって顕微鏡でのぞくと表皮組織が観察できる。右の写真はベニシダの表皮と気孔の顕微鏡写真である。気孔をたくさん見るには葉の裏側をはがすのがよい。

表皮細胞は波状の細胞壁の仕切りを介して連結している。緑色の粒体が葉緑体である。葉緑体は孔辺細胞に集中して含まれるが、表皮細胞にも含まれている。これがシダの大きな特徴である（種子植物では気孔以外の表皮細胞に葉緑体が含まれることはない）。

気孔は2個の孔辺細胞によって構成されている（2個の孔辺細胞によって囲まれた小間隙を気孔という場合もある）。気孔は光合成に携わるとともに、呼吸、蒸散などのガス交換における空気や水蒸気の通路である。

外部形態がよく似たベニシダとトウゴクシダの気孔を観察し、その大きさを比較してみた。その結果、長径も短径も平均値でベニシダの方がトウゴクシダよりも大きかった。種の違いは気孔のサイズにも表れている。

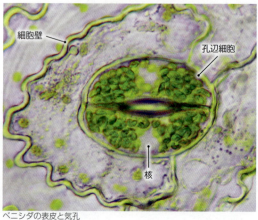
ベニシダの表皮と気孔

オシダ科オシダ属

24-2-34
ミドリベニシダ

Dryopteris erythrosora (D. C. Eaton) Kuntze f. *viridisora* (Nakai ex H. Ito) H. Ito

環境：林床や林縁。
分布：ベニシダの分布域と重なる。
生態：常緑多年草。
形態：葉身はあまり倒伏せず直立の傾向がある。羽片の先は顕著に上に曲がらない。葉身の展開期は葉柄を含めて全体が緑色〜黄緑色でベニシダのような赤味はない①。包膜は灰白色〜白色②③。現在の分類では、本種はベニシダの品種としての扱いであるが、品種以上のランクの扱いが適切であると考える。

①千葉県横芝光町 2011.5

②羽片の裏側、包膜

③写真②の部分拡大

24-2-35
ハチジョウベニシダ

Dryopteris caudipinna Nakai

環境：林床や林縁。
分布：本州(関東以西)〜九州。
生態：常緑多年草。
形態：葉面の光沢はやや少ない①。小羽片は狭長で切れ込みが深いが変異が大きい①②。包膜は紅色または灰白色②。ベニシダとの識別が難しいものが多いが、ベニシダは1胞子嚢中の胞子の数が32個であり、本種は64個である点で異なる[注]。

①千葉県匝瑳市 2021.6

②羽片の裏側、包膜と胞子嚢群

③胞子嚢(環帯と胞子)、胞子は64個

[注]胞子数の違いはベニシダが無融合生殖種で、ハチジョウベニシダが有性生殖種であることに由来する。
無融合生殖についてはp.221で詳述する。

24-2-36
キノクニベニシダ

Dryopteris kinokuniensis Sa. Kurata

環境: 山地の林床や林縁。
分布: 本州（関東以西）～九州、種子島。
生態: 常緑多年草。
形態: 葉身は三角状卵形で、羽片は軸に対して広い角度でつく。葉軸は緑色～淡紫紅色①④。胞子嚢群はやや辺縁寄り②。葉柄基部の鱗片は淡褐色～黒褐色③。

①千葉県木更津市 2019.5

②羽片の裏側、包膜と胞子嚢群

③葉柄基部の鱗片

④標本:千葉県多古町 1996.2

24-2-37
ナンゴクベニシダ

Dryopteris austrojaponensis Kurata, nom. nud.

環境: 低山地の林縁や崖地。
分布: 本州（千葉県以西）～九州。
生態: 常緑多年草。
形態: ベニシダに似るが、葉身は狭長で小形①④。胞子嚢群は中肋寄り②。葉柄基部の鱗片は光沢のある黒褐色③。

①千葉県君津市 2014.11

②羽片の裏側、胞子嚢群

③葉柄基部の鱗片

④標本:千葉県鴨川市 2020.1

オシダ科カナワラビ属

24-3

カナワラビ属

Arachniodes Blume

葉身は変化に富み、1回羽状複葉から4回羽状複葉まである。葉脈は遊離し、葉縁に達しない。胞子嚢群は円形、包膜は円腎形。光沢のある硬い葉をもつことから鉄蕨（かなわらび）と呼ぶ。世界の熱帯から暖帯に分布し、日本には21種28雑種がある。ナライシダ類はカナワラビ属とは独立したナライシダ属 *Leptorumohra* H. Ito に含めていたこともあるが、カナワラビ属との間に複数の雑種形成があることから、同属とする妥当性が認められる。

カナワラビ属の識別例①

葉身の先が頂羽片状となるか否かで種の識別のめやすとなる。

葉身の先が頂羽片状となる

オオカナワラビ、ハカタシダ（写真）、ホソバカナワラビ

葉身の先が頂羽片状とはならない

オニカナワラビ（写真）、コバノカナワラビ、リョウメンシダ、シノブカグマ、ホソバナライシダ、ナンゴクナライシダ

カナワラビ属の識別例②

胞子嚢群が裂片のどこにつくか、その位置が種の識別のめやすとなる。

辺縁寄り

オオカナワラビ

中間生

オニカナワラビ（写真）、ハカタシダ、リョウメンシダ

中肋寄り

ホソバカナワラビ（写真）、コバノカナワラビ

切れ込みの近く

ホソバナライシダ（写真）、ナンゴクナライシダ

24-3-38
オオカナワラビ

Arachniodes amabilis (Blume) Tindale var. *fimbriata* K. Iwats.

環境：林床。
分布：本州(関東以西)〜九州、琉球列島(種子島、屋久島、西表島)。
生態：常緑多年草。
形態：葉身の先が頂羽片状となる①④。裂片は鋭頭②。胞子嚢群は辺縁寄り②。葉柄基部の鱗片は淡褐色〜褐色③。

①千葉県香取市 2012.12

②羽片の裏側、包膜

③葉柄基部の鱗片

④標本：茨城県つくば市 1990.1

24-3-39
ハカタシダ

Arachniodes simplicior (Makino) Ohwi

環境：低山地の林床や崖。
分布：本州〜九州。
生態：常緑多年草。
形態：葉質は厚く硬い。葉身の先が頂羽片状となる①④。裂片の鋸歯は芒状にとがる②。胞子嚢群は中間生②。葉柄基部の鱗片は褐色で毛状突起縁③。

①神奈川県相模原市 2019.11

②羽片の裏側、包膜と胞子嚢群

③葉柄基部の鱗片

④標本：千葉県成田市 1988.12

オシダ科カナワラビ属

24-3-40
オニカナワラビ

Arachniodes chinensis (Rosenst.) Ching

環境：低山地の林床や崖。
分布：本州〜九州。
生態：常緑多年草。
形態：葉身の先の羽片は急に小形になり、頂羽片の存在は不明瞭①④。胞子嚢群は中間生②。葉柄基部の鱗片は淡褐色〜褐色で毛状突起縁③。

①千葉県鴨川市 2009.2

②羽片の裏側、胞子嚢群

③葉柄基部の鱗片

④標本：千葉県横芝光町 1988.9

24-3-41
コバノカナワラビ

Arachniodes sporadosora (Kunze) Nakaike

環境：やや乾燥した低山地の林床。
分布：本州（関東以西）〜九州、琉球列島。
生態：常緑多年草。
形態：羽片は葉身の先に向かってしだいに短くなり、頂羽片は不明瞭①④。胞子嚢群は中間〜中肋寄り②。葉柄基部の鱗片は褐色、全縁③。

①千葉県君津市 2004.12

②羽片の裏側、包膜

③葉柄基部の鱗片

④標本：千葉県大多喜町 2007.12

オシダ科カナワラビ属

24-3-42
ホソバカナワラビ

Arachniodes exilis (Hance) Ching

環境：乾燥した低山地の林床。
分布：本州(関東以西)〜九州、琉球列島。
生態：常緑多年草。
形態：頂羽片が明瞭①④。最下羽片の下向き第1小羽片は2番目以降よりも顕著に長く大きい①④。胞子嚢群は中肋寄り②。根茎は長くほふくする④。

①千葉県旭市 2016.1

②羽片の裏側、包膜と胞子嚢群

③葉柄基部の鱗片

④標本：千葉県大多喜町 1990.12

24-3-43
リョウメンシダ

Arachniodes standishii (T. Moore) Ohwi

環境：やや湿った林床に生育。しばしば群生する。
分布：北海道〜九州。
生態：常緑多年草。
形態：側羽片は上方に向かいしだいに短くなる。頂羽片は不明瞭①④。裂片の鋸歯は円頭〜鈍頭②。胞子嚢群は中間生②。葉柄基部の鱗片は淡褐色③。

①千葉県多古町 2021.5

②羽片の裏側、包膜

③葉柄基部の鱗片

④標本：千葉県多古町 1988.7

オシダ科カナワラビ属

①長野県山ノ内町 2006.7

24-3-44
シノブカグマ

Arachniodes mutica (Franch. et Sav.) Ohwi

環境:山地の林床。
分布:北海道〜四国、屋久島。
生態:常緑多年草。
形態:側羽片は上方に向かいしだいに短くなる。頂羽片は不明瞭①④。裂片の鋸歯は鈍頭まれに鋭頭②。胞子嚢群は辺縁寄り②③。葉柄基部の鱗片は淡褐色〜褐色④。

②羽片の裏側、包膜と胞子嚢群

③写真②の一部拡大、包膜と胞子嚢群

④標本:千葉県佐倉市 1990.11

①千葉県千葉市 2012.1

24-3-45
ホソバナライシダ

Arachniodes borealis Seriz.

環境:やや乾燥した山地の林床や斜面。
分布:北海道〜九州。
生態:夏緑多年草。
形態:葉身の表側は毛が散生②。裂片の鋸歯は鋭頭〜鈍頭②③。胞子嚢群は裂片の切れ込みの近くにつく③。葉柄基部の鱗片は密につく④。

②羽片の表側

③羽片の裏側、包膜と胞子嚢群

④葉柄基部の鱗片

24-3-46
ナンゴクナライシダ

Arachniodes fargesii (H. Christ) Seriz.

環境：低山の乾燥した林床や崖。
分布：本州〜九州、屋久島。
生態：常緑（寒冷地では夏緑）多年草。
形態：小羽軸表側の毛は著しく多い②。葉柄基部は紫褐色で光沢があり、鱗片はまばら④。

①千葉県多古町 2012.1

②羽片の表側

③羽片の裏側、包膜と胞子嚢群

④葉柄基部の鱗片

24-3
カナワラビ属の雑種

カナワラビ属はシケシダ属やイノデ属等と同様に比較的容易に雑種を生じる。本書に掲載したカナワラビ属の、各種間で確認されている雑種を下表に示した。このうちa〜fの6種について次ページ以降で解説する。

親種 \ 親種	オオカナワラビ	ハカタシダ	オニカナワラビ	コバノカナワラビ	ホソバカナワラビ	リョウメンシダ	シノブカグマ	ホソバナライシダ	ナンゴクナライシダ
オオカナワラビ				a					
ハカタシダ				①	③				
オニカナワラビ				②	④	c			⑦
コバノカナワラビ	a	①	②		b	d			
ホソバカナワラビ		③	④	b		⑤			
リョウメンシダ			c	d	⑤			e	
シノブカグマ								⑥	
ホソバナライシダ						e	⑥		f
ナンゴクナライシダ			⑦					f	

a：テンリュウカナワラビ
b：ホソコバカナワラビ
c：キサラズカナワラビ
d：カワヅカナワラビ
e：チバナライシダ
f：タカヤマナライシダ

以下は本書に掲載なし
①コバノハカタシダ
②オニコバカナワラビ
③ホソバハカタシダ
④シモダカナワラビ
⑤ジンムジカナワラビ
⑥アヅミノナライシダ
⑦ヤマズミシダ

オシダ科カナワラビ属

24-3-雑a
テンリュウカナワラビ

Arachniodes ×*kurosawae* Shimura et Sa. Kurata

環境：林床。
分布：本州(関東以西)〜九州。
生態：常緑多年草。
形態：葉身の先はやや不明瞭な頂羽片となる①。裂片の鋸歯は先端が芒状②。胞子嚢群は辺縁寄り②。胞子はほぼ定型③。

①千葉県山武市 2006.2

②羽片の裏側、包膜と胞子嚢群

③胞子

24-3-雑b
ホソコバカナワラビ

Arachniodes ×*neointermedia* Nakaike, nom. nud.

環境：やや乾いた林床。
分布：本州(千葉県以西)〜九州、種子島、屋久島。
生態：常緑多年草。
形態：側羽片は先に向かって短くなるが頂羽片は不明瞭①④。胞子嚢群は中肋寄り②。胞子は大小が混ざり不定形③。

①千葉県いすみ市 2017.12

②羽片の裏側、包膜と胞子嚢群

③胞子

④標本：千葉県鴨川市 1989.1

24-3-雑c
キサラズカナワラビ

Arachniodes ×*kisarazuensis* Yashiro, nom. nud.

環境：林床。
分布：千葉県（木更津市）で発見された新推定雑種。
生態：常緑多年草。
形態：側羽片は上方に向かってしだいに短くなるが、頂羽片は不明瞭①。裂片の鋸歯は鋭頭②。胞子嚢群は中間生②。葉柄基部の鱗片は鋸歯縁③。胞子は不定形④。
和名：日本武尊が、海神の怒りを鎮めるために海に身を投じた妻・弟橘媛（おとたちばなひめ）のことを想い詠んだ歌で、木更津の地名の起こりとされる「君去らず……」にちなむ。

①千葉県木更津市 2020.7

②羽片の裏側、包膜と胞子嚢群　③葉柄基部の鱗片　④胞子

24-3-雑d
カワヅカナワラビ

Arachniodes ×*kenzo-satakei* (Sa. Kurata) Sa. Kurata

環境：やや湿った山地の林床。
分布：本州（千葉県以西）〜九州。
生態：常緑多年草。
形態：頂羽片は不明瞭①④。裂片の鋸歯は鋭い②。胞子嚢群は中間生②。胞子は大小があり不定形③。

①千葉県木更津市 2020.7

②羽片の裏側、包膜と胞子嚢群　③胞子　④標本：千葉県山武市 2014.12

オシダ科カナワラビ属

チバナライシダ

24-3-雑e

Arachniodes ×*chibaensis* Yashiro

環境：低山地の林床。
分布：本州（茨城県、栃木県、千葉県）。
生態：常緑多年草。
形態：葉面はほぼ無毛②。裂片の鋸歯は鋭頭②③。胞子嚢群は中間生③。葉柄基部の鱗片は密につき褐色④。胞子は不定形⑤。

①千葉県千葉市 2015.12

②小羽片の表側

③小羽片の裏側、包膜

④葉柄基部の鱗片

⑤胞子

タカヤマナライシダ

24-3-雑f

Arachniodes ×*miqueliana* (Maxim. ex Franch. et Sav.) Ohwi

環境：低山地の林床や崖。
分布：本州（秋田県以南）、九州（大分県）。
生態：夏緑多年草。
形態：葉は薄い紙質。小羽軸表面は密に有毛②。裂片の鋸歯は鈍頭②③。葉柄基部は紫褐色で光沢があり、淡褐色の鱗片がやや密につく④。

①千葉県東金市 2016.1

②羽片の表側

③羽片の裏側、包膜と胞子嚢群

④葉柄基部の鱗片

24-4
イノデ属

Polystichum Roth

根茎は直立または斜上し葉を叢生する。多年草で通常は常緑性であるが夏緑性のものもある。葉身は1回～数回羽状複葉で、鋸歯は鋭尖または刺状に突出するものが多い。胞子嚢群は葉脈の先端につく（頂生）かまたは途中につき（背生）、円形、丸い包膜がある。世界の温帯を中心に約500種が知られ、日本には35種60雑種ほどが分布している。

24-4-47
オリヅルシダ

Polystichum lepidocaulon (Hook.) J. Sm.

環境：林床。
分布：本州（千葉県以西）～九州、琉球列島。
生態：常緑多年草。
形態：葉軸と葉柄の鱗片は褐色で軸に圧着する②③。葉軸の先に無性芽を生じる④⑤。

①千葉県鴨川市 2013.12

②羽片の裏側、胞子嚢群

③葉柄の鱗片

④無性芽

⑤標本：千葉県鴨川市 2005.1

オシダ科イノデ属

①栃木県日光市 2006.6

24-4-48
ツルデンダ

Polystichum craspedosorum (Makino) Diels

環境：岩上や斜面。
分布：北海道〜九州。
生態：常緑多年草。
形態：葉面は淡緑色〜黄緑色で無光沢①。胞子嚢群は羽片の上側の辺縁寄りに1列に並び、包膜は円形②。葉軸の先端は長く伸びて、先に無性芽をつくる③。

②羽片の裏側、包膜

③無性芽

④標本：千葉県鴨川市 2004.12

①群馬県赤城山 2006.5

24-4-49
ジュウモンジシダ

Polystichum tripteron (Kunze) C. Presl

環境：林床。
分布：北海道〜九州、屋久島。
生態：常緑多年草。
形態：葉面は緑色で光沢は少ない①。胞子嚢群は羽片中肋の前側に1〜数列、後ろ側に1列に並ぶ②。葉軸の鱗片は圧着する②。
和名：最下羽片が特に大きくなり十文字の形になることによる①。

②羽片の裏側、胞子嚢群

③羽片の拡大、包膜と胞子嚢群

④葉柄基部の鱗片

オシダ科イノデ属

24-4-50
オニイノデ
Polystichum rigens Tagawa

環境：林床や岩上、崖。
分布：本州（関東以西）、四国（高知県）。
生態：常緑多年草。
形態：葉質は厚く硬い。下方の羽片は上方より明らかに長い①。胞子嚢群は中間生③。裂片の辺縁の鋸歯は芒状②③。葉柄の鱗片は幅広い④。

①神奈川県相模原市 2019.11

②葉軸と羽片

③羽片の裏側、胞子嚢群

④葉柄基部の鱗片

24-4-51
ヒメカナワラビ
Polystichum tsus-simense (Hook.) J. Sm.

環境：林床や岩上、崖。
分布：本州（福島県以南）〜九州。
生態：常緑多年草。
形態：葉面は光沢がある。胞子嚢群は中肋寄り②③。葉柄基部の鱗片は褐色〜黒褐色、披針形で辺縁は毛状に細裂④。

①茨城県常陸太田市 2013.11

②羽片の裏側、胞子嚢群

③写真②の一部拡大、包膜と胞子嚢群

④葉柄基部の鱗片

オシダ科イノデ属

①千葉県君津市 2004.12

24-4-52
オオキヨズミシダ
Polystichum mayebarae Tagawa

環境：林床や岩上、崖。
分布：本州（新潟県・福島県以南）〜九州。
生態：常緑多年草。
形態：胞子嚢群は中肋寄り②。葉軸の鱗片は褐色〜黒褐色で線形、辺縁はやや毛状に細裂③。葉柄基部の鱗片は褐色で広披針形〜披針形④。

②羽片の裏側、胞子嚢群

③葉軸の鱗片

④葉柄基部の鱗片

①東京都八王子市 2008.5

24-4-53
サイゴクイノデ
Polystichum pseudomakinoi Tagawa

環境：林床。
分布：本州〜九州。
生態：常緑多年草。
形態：葉面は薄緑色で光沢は少ない①。胞子嚢群は小羽片の辺縁寄りにつき②、下部の羽片では小羽片の耳垂から優先的につく。葉柄基部の鱗片は卵状披針形で中央部が紫褐色のものがある④。

②羽片の裏側、包膜

③葉軸の鱗片

④葉柄基部の鱗片

オシダ科イノデ属

24-4-54
カタイノデ
Polystichum makinoi (Tagawa) Tagawa

環境：林床。
分布：本州(関東地方以西)〜九州。
生態：常緑多年草。
形態：葉面は強い光沢がある①。胞子嚢群は中間生で②、葉身の上方の羽片の外側から順につく。葉柄基部の鱗片には光沢のある硬い濃紫褐色のものがある④。

①東京都八王子市 2019.11

②羽片の裏側、胞子嚢群

③葉軸の鱗片

④葉柄基部の鱗片

24-4-55
アイアスカイノデ
Polystichum longifrons Sa. Kurata

環境：林床。
分布：本州〜九州。
生態：常緑多年草。
形態：葉面は深緑色①。小羽片はイノデやアスカイノデに比べて丸みがある②。胞子嚢群は小羽片の辺縁寄りにつく②③。葉柄基部の鱗片は狭披針形〜広披針形。中央が紫褐色の鱗片がある④。

①千葉県山武町 2005.7

②羽片の裏側、包膜と胞子嚢群

③葉軸の鱗片

④葉柄基部の鱗片

オシダ科イノデ属

24-4-56
シムライノデ

Polystichum shimurae Sa. Kurata ex Seriz.

環境：林床。
分布：本州（東京都、静岡県）。
生態：常緑多年草。
形態：小羽片の辺縁の芒は顕著に長い②。胞子嚢群は小羽片の中間〜やや辺縁寄り②。包膜の縁は鋸歯状。葉軸と葉柄の鱗片は中央が濃紫褐色のものがある③④。

①東京都あきる野市 2019.11

②羽片の裏側、胞子嚢群

③葉軸の鱗片

④葉柄基部の鱗片

24-4-57
ネッコイノデ

Polystichum tagawanum Sa. Kurata var. *atrosquamatum* Kurata

環境：林床。
分布：本州〜九州。
生態：常緑多年草。
形態：葉面の光沢は基本変種のイノデモドキよりも少ない①。小羽片は丸みがある。胞子嚢群は辺縁寄りにつく②。葉軸と葉柄の鱗片は中央が紫褐色のものがある③④。

①静岡県裾野市 2007.9

②羽片の裏側、胞子嚢群

③葉軸の鱗片

④葉柄基部の鱗片

オシダ科イノデ属

24-4-58

イノデモドキ

Polystichum tagawanum Sa. Kurata

環境：林床。サイゴクイノデやカタイノデ等としばしば同所的に生育する。

分布：本州〜九州。

生態：常緑多年草。

形態：葉身の先は尾状に伸びる①。胞子嚢群は辺縁寄りにつく②。葉軸と葉柄の鱗片は褐色で辺縁は著しく不規則な歯牙状に細裂する③④。

①東京都八王子市 2007.10

②羽片の裏側、包膜と胞子嚢群

③葉軸の鱗片

④葉柄基部の鱗片

キレコミイノデモドキについて

1992年、イノデモドキに似るが、あきらかにイノデモドキとは異なるシダ植物が発見された。下部の羽片で小羽片が再度分岐して独立した2次小羽片になり、全体として3回羽状複葉になるのである（イノデモドキは2回羽状複葉）。発見者はこれをキレコミイノデモドキの新称で発表した。

ところがその後、キレコミイノデモドキがどこかで確認されたという報告がなく、幻になっていた。2007年、筆者の谷城は静岡県裾野市でキレコミイノデモドキを発見し、10年の間栽培を続けた。その間、本種の特徴である下部羽片での3回羽状複葉の切れ込みは失われず、これが安定した形質であることが確認された。

キレコミイノデモドキ　静岡県裾野市 2012.10.14

下部の羽片では小羽片が再度分裂して独立した2次小羽片となり（↑印）、全体として3回羽状複葉になる

オシダ科イノデ属

24-4-59
チャボイノデ

Polystichum igaense Tagawa

環境：林床。
分布：本州〜九州。
生態：常緑多年草。
形態：晩秋に葉柄基部で倒伏してロゼット状を呈する①。胞子嚢群は小羽片の辺縁近くにつく②。葉軸と葉柄の鱗片は披針形〜広披針形で褐色、硬くややねじれる③④。

①静岡県裾野市 2008.12

②羽片の裏側、胞子嚢群

③葉軸の鱗片

④葉柄基部の鱗片

24-4-60
イノデ

Polystichum polyblepharon (Roem. ex Kunze) C. Presl

環境：林床や林縁。
分布：本州〜九州、種子島、屋久島。
生態：常緑多年草。
形態：胞子嚢群は中間生②。葉軸下部の鱗片は狭披針形で褐色③。葉軸上部の鱗片は幅が狭く毛状②。葉柄基部の鱗片は披針形〜広披針形で褐色、辺縁は不規則に細裂する④。

①千葉県成田市 2008.6

②羽片の裏側、胞子嚢群

③葉軸の鱗片

④葉柄基部の鱗片

オシダ科イノデ属

24-4-61
アスカイノデ

Polystichum fibrillosopaleaceum (Kodama) Tagawa

環境：林床や林縁。
分布：本州〜九州の主に太平洋側。
生態：常緑多年草。
形態：胞子嚢群は中肋寄り〜中間生②。葉軸の鱗片は褐色で毛状③。葉柄基部の鱗片は褐色〜赤褐色、狭披針形〜披針形でねじれ、ほぼ全縁④。

①萌芽期、神奈川県三浦市 2010.3

②羽片の裏側、胞子嚢群

③葉軸の鱗片

④葉柄基部の鱗片

24-4-62
サカゲイノデ

Polystichum retrosopaleaceum (Kodama) Tagawa

環境：主としてブナ帯の山地樹林内。
分布：北海道〜九州。
生態：夏緑（半常緑）多年草。
形態：葉面は薄緑色で無光沢①。胞子嚢群は中肋寄りにつく②。葉軸の鱗片は下向きに圧着する③。葉柄基部の鱗片は淡褐色で大形④。

①群馬県月夜野町 2005.7

②羽片の裏側、胞子嚢群

③葉軸の鱗片

④葉柄基部の鱗片

オシダ科イノデ属

①東京都八王子市 2008.5

24-4-63
ツヤナシイノデ

Polystichum ovatopaleaceum (Kodama) Sa. Kurata var. *ovatopaleaceum*

環境：林床。
分布：本州〜九州。
生態：夏緑（半常緑）多年草。
形態：葉面は薄緑色で無光沢①。胞子嚢群は葉身の上部の羽片に生じ、中間生②。葉軸の鱗片は卵形で上向き〜外向き③。葉柄基部の鱗片は広卵形④。

②羽片の裏側、胞子嚢群

③葉軸の鱗片

④葉柄基部の鱗片

①東京都八王子市 2008.5

24-4-64
イワシロイノデ

Polystichum ovatopaleaceum (Kodama) Sa. Kurata var. *coraiense* (H. Christ ex H. Lev.) Sa. Kurata

環境：林床。
分布：北海道、本州。
生態：夏緑（半常緑）多年草。
形態：葉面は薄緑色で無光沢①。胞子嚢群は中間生②。葉軸の鱗片は狭卵形〜広披針形③。葉柄基部の鱗片は長卵形〜広披針形④。

②羽片の裏側、包膜と胞子嚢群

③葉軸の鱗片

④葉柄基部の鱗片

オシダ科イノデ属

24-4-65
ホソイノデ

Polystichum braunii (Spenn.) Fée

環境：林床。
分布：北海道、本州。
生態：夏緑多年草。
形態：葉面の光沢は少ない①。胞子嚢群は著しく中肋寄りにつく②。葉軸の鱗片は淡褐色で披針形〜線形③。葉柄基部の鱗片は広卵形〜長卵形④。

①北海道釧路市 2016.8

②羽片の裏側、胞子嚢群

③葉軸の鱗片

④葉柄基部の鱗片

24-4
イノデ属の雑種

イノデ属は容易に雑種を生じる。本書に掲載したイノデ属の各種間で確認されている雑種のうち下表のa〜vの22雑種について解説する。

親種\親種	サイゴクイノデ	カタイノデ	アイアスカイノデ	シムライノデ	ネッコイノデ	イノデモドキ	チャボイノデ	イノデ	アスカイノデ	サカゲイノデ	ツヤナシイノデ	イワシロイノデ	ホソイノデ
サイゴクイノデ		a	b	d		e				j		o	
カタイノデ	a		c			f				k		p	
アイアスカイノデ	b	c				g		i	l		q	t	
シムライノデ	d					h							
ネッコイノデ													
イノデモドキ	e	f	g	h							r		
チャボイノデ													
イノデ			i						m		s	u	
アスカイノデ	j	k	l					m			n		v
サカゲイノデ											n		
ツヤナシイノデ	o	p	q			r		s					
イワシロイノデ			t					u	v				
ホソイノデ													

a：ミツイシイノデ
b：ハコネイノデ
c：アイカタイノデ
d：サイゴクシムライノデ
e：キヨズミイノデ
f：カタイノデモドキ
g：ハタジュクイノデ
h：シムライノデモドキ
i：ドウリョウイノデ
j：ジタロウイノデ
k：タコイノデ（新称）
l：オオタニイノデ
m：ミウライノデ
n：ゴサクイノデ
o：オンガタイノデ
p：アカメイノデ
q：タカオイノデ
r：ツヤナシイノデモドキ
s：ツヤナシフナコシイノデ
t：ゴテンバイノデ
u：シモフサイノデ
v：サンブイノデ

イノデ属の葉軸鱗片の観察

イノデ属各種の葉軸鱗片を比較してみよう。数種の鱗片とその中央部分の拡大写真を左右に並べて掲載した。
葉柄の鱗片に比べて葉軸の鱗片は小さいので、同定の鍵として用いられることは少ないが、種ごとの特徴はここにも現われている。

※スケールは左が2mm、右は0.1mm。写真はキシロールバルサムで封じた永久プレパラートにより撮影。

イノデ

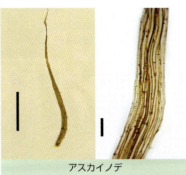
アスカイノデ

イノデモドキ

チャボイノデ

シムライノデ

イワシロイノデ

オシダ科イノデ属

24-4-雑a
ミツイシイノデ

Polystichum ×*namegatae* Sa. Kurata

環境：林床。
分布：本州～九州。
生態：常緑多年草。
形態：葉面は薄緑色で光沢は少ない①。胞子嚢群は小羽片の辺縁寄りにつき②、下部の羽片では小羽片の耳垂から優先的につく。葉柄基部の鱗片は卵状披針形で中央部が濃紫褐色のものがある④。

①神奈川県相模原市 2019.11

②羽片の裏側、胞子嚢群

③葉柄上部の鱗片　④葉柄基部の鱗片

24-4-雑b
ハコネイノデ

Polystichum ×*hakonense* Sa. Kurata

環境：林床。
分布：本州(関東南部)～九州。
生態：常緑多年草。
形態：胞子嚢群は小羽片の辺縁寄りにつく②。葉軸の鱗片は披針形で中央が紫褐色の鱗片がある③。葉柄基部の鱗片は広披針形～広卵形で中央部が光沢のある濃紫褐色のものがある④。

①千葉県香取市 2016.1

②羽片の裏側、包膜と胞子嚢群

③葉軸の鱗片

④葉柄基部の鱗片

オシダ科イノデ属

24-4-雑c
アイカタイノデ

Polystichum ×*iidanum* Sa. Kurata

環境：林床。
分布：本州（関東以西）〜九州。
生態：常緑多年草。
形態：胞子嚢群は小羽片の中間につくが、葉身の下方ではやや辺縁寄りにつく②。葉柄の鱗片は披針形〜広披針形で中央が光沢のある濃紫褐色、辺縁が褐色で二色性の明瞭なものがある③④。

①神奈川県相模原市 2019.11

②羽片の裏側、胞子嚢群

③葉柄中部の鱗片

④葉柄基部の鱗片

24-4-雑d
サイゴクシムライノデ

Polystichum pseudomakinoi Tagawa × *P. shimurae* Sa. Kurata ex Seriz.

環境：林床。
分布：本州（東京都）。
生態：常緑多年草。
形態：葉面は光沢がある①。小羽片先端の刺は長い②。胞子嚢群は小羽片の辺縁寄りで、耳垂に優先的につく②。葉軸と葉柄の鱗片は、中央が濃紫褐色で二色性の明瞭なものがある③④。

①東京都あきる野市 2019.11

②羽片の裏側、包膜と胞子嚢群

③葉軸の鱗片

④葉柄基部の鱗片

オシダ科イノデ属

24-4-雑e
キヨズミイノデ

Polystichum ×*kiyozumianum* Sa. Kurata

環境：林床や林縁。
分布：本州（関東南部）〜九州。
生態：常緑多年草。
形態：葉身の先は細く尾状に伸びる①。胞子嚢群は小羽片の辺縁寄りで、耳垂に優先的につく②。葉軸と葉柄の鱗片は中央が濃紫褐色のものがある③④。

①東京都八王子市 2007.10

②羽片の裏側、胞子嚢群

③葉軸の鱗片

④葉柄基部の鱗片

24-4-雑f
カタイノデモドキ

Polystichum ×*izuense* Sa. Kurata

環境：林床。
分布：本州〜九州。
生態：常緑多年草。
形態：胞子嚢群は葉身の上方の羽片では中間〜やや辺縁寄りに、下方の羽片では辺縁寄りにつく②。葉軸の鱗片の辺縁は著しく不規則な歯牙状に細裂する③。葉柄の鱗片は中央が光沢のある紫褐色のものがある④。

①東京都八王子市 2019.11

②羽片の裏側、胞子嚢群

③葉軸の鱗片

④葉柄基部の鱗片

オシダ科イノデ属

24-4-雑g
ハタジュクイノデ

Polystichum ×*hatajukuense* Sa. Kurata, nom. nud.

環境：林床。
分布：本州（関東以西）～九州。
生態：常緑多年草。
形態：葉面は光沢がある①。胞子嚢群は小羽片の辺縁寄りにつく②。葉軸の鱗片の辺縁は著しく不規則な歯牙状に細裂する③。葉柄基部の鱗片の中央は濃紫褐色のものがある④。

①千葉県芝山町 2022.5

②羽片の裏側．胞子嚢群

③葉軸の鱗片

④葉柄基部の鱗片

24-4-雑h
シムライノデモドキ

Polystichum shimurae Sa. Kurata ex Seriz. × *P. tagawanum* Sa. Kurata

環境：林床。
分布：本州（東京都）。
生態：常緑多年草。
形態：葉面は光沢がある①。胞子嚢群は葉身の上方では中間～辺縁寄りにつき②、下方では辺縁寄りにつく．小羽片の辺縁の芒はシムライノデに似て長い②。葉軸と葉柄の鱗片は中央が濃紫褐色のものがある③④。

①東京都八王子市 2019.11

②羽片の裏側、包膜と胞子嚢群

③葉軸の鱗片　④葉柄基部の鱗片

オシダ科イノデ属

24-4-雑i
ドウリョウイノデ
Polystichum ×anceps Sa. Kurata

環境：林床。
分布：本州〜九州。
生態：常緑多年草。
形態：葉面は光沢のある深緑色。胞子嚢群は小羽片のやや辺縁寄りにつく②。葉軸の鱗片は狭披針形③。葉柄基部の鱗片は褐色〜淡褐色で中央は濃紫褐色を帯び、辺縁は微細な突起がある④。

①千葉県匝瑳市 2012.2

②羽片の裏側、胞子嚢群

③葉軸の鱗片

④葉柄基部の鱗片

24-4-雑j
ジタロウイノデ
Polystichum ×jitaroi Sa. Kurata

環境：林床。
分布：本州（関東地方）。
生態：常緑多年草。
形態：葉面は淡緑色で光沢は少ない①。胞子嚢群は小羽片の辺縁寄りにつき②、耳垂に優先的につく。葉軸の鱗片は狭披針形で辺縁は細かく裂ける③。葉柄基部の鱗片は顕著にねじれ、中央が濃紫褐色のものがある④。

①千葉県鴨川市 2004.12

②羽片の裏側、包膜と胞子嚢群

③葉軸の鱗片

④葉柄基部の鱗片

オシダ科イノデ属

24-4-雑k
タコイノデ（新称）

Polystichum ×*takoensis* Yashiro, hybr. nov. (nom. nud.)

環境：低山地の林床。
分布：千葉県(多古町)。
生態：常緑多年草。
形態：葉面は光沢がある①。胞子嚢群は中間生②。葉軸の鱗片は披針形で辺縁は細裂③。葉柄基部の鱗片はねじれ、中央が濃紫褐色の鱗片がある④。
和名：千葉県多古町で発見された新雑種。

①千葉県多古町 1989.7

②羽片の裏側、胞子嚢群

③葉軸の鱗片

④葉柄基部の鱗片

24-4-雑l
オオタニイノデ

Polystichum ×*ohtanii* Sa. Kurata

環境：林床や林縁。
分布：本州。
生態：常緑多年草。
形態：胞子嚢群は葉身上方では小羽片の中肋寄り、下方では小羽片の辺縁寄りにつく②。葉柄基部の鱗片は披針形〜狭披針形でねじれ、褐色で中央が紫褐色を呈するものがある④。

①千葉県多古町 2012.1

②羽片の裏側、胞子嚢群

③葉軸の鱗片

④葉柄基部の鱗片

オシダ科イノデ属

24-4-雑m
ミウライノデ

Polystichum ×miuranum Sa. Kurata

環境：林床。
分布：本州、四国。
生態：常緑多年草。
形態：胞子嚢群は中間生。葉軸の鱗片は上方では毛状②、下方では披針形③。葉柄基部の鱗片は広披針形〜狭卵形でねじれる④。

①千葉県匝瑳市 2012.2

②羽片の裏側、包膜と胞子嚢群

③葉軸の鱗片

④葉柄基部の鱗片

24-4-雑n
ゴサクイノデ

Polystichum ×gosakui Sa. Kurata, nom. nud.

環境：林床。
分布：本州。
生態：常緑多年草。
形態：葉面は薄緑色で光沢は少ない①。胞子嚢群は小羽片の中肋寄りにつく②。葉軸の鱗片は狭披針形で下向きに圧着するものが多い③。葉柄基部の鱗片は広披針形〜狭卵形でねじれる④。

①千葉県成田市 2008.6

②羽片の裏側、胞子嚢群

③葉軸の鱗片

④葉柄基部の鱗片

オシダ科イノデ属

24-4-雑o
オンガタイノデ

Polystichum ×*ongataense* Sa. Kurata

環境：低山地の林縁。
分布：本州（関東以西）～九州。
生態：常緑多年草。
形態：葉面の光沢は少ない①。胞子嚢群は中間～辺縁寄りにつく②。葉軸の鱗片は狭卵形③。葉柄基部の鱗片は広卵形～披針形、中央が紫褐色の二色性のものがある④。

①東京都八王子市 2007.10

②羽片の裏側、胞子嚢群

③葉軸の鱗片

④葉柄基部の鱗片

24-4-雑p
アカメイノデ

Polystichum ×*kurokawae* Tagawa

環境：林床。
分布：本州（関東以西）～九州。
生態：常緑多年草。
形態：胞子嚢群は小羽片の中肋寄りにつく②。葉軸の鱗片は淡褐色で密につき狭卵形～披針形③。葉柄基部の鱗片は中央が濃褐色で光沢のあるものが多い④。

①東京都八王子市 2019.12

②羽片の裏側、胞子嚢群

③葉軸の鱗片

④葉柄基部の鱗片

> オシダ科イノデ属

24-4-雑q
タカオイノデ

Polystichum ×*takaosanense* Sa. Kurata

環境：低山地の林床。
分布：本州（関東以西）、九州。
生態：常緑多年草。
形態：葉面の光沢は少ない①。胞子嚢群は小羽片の中間〜辺縁寄りにつく②。葉軸の鱗片は狭卵形③。葉柄基部の鱗片は中央が濃褐色のものがある④。

①長野県富士見町 2009.7

②羽片の裏側、胞子嚢群

③葉軸の鱗片

④葉柄基部の鱗片

24-4-雑r
ツヤナシイノデモドキ

Polystichum ×*pseudo-ovatopaleaceum* Akasawa

環境：林床。
分布：本州（関東以西）〜九州。
生態：常緑多年草。
形態：胞子嚢群は葉身上方では小羽片の中間〜中肋寄りに、下方では小羽片の辺縁寄りにつく②。葉軸の鱗片は狭卵形〜卵形、辺縁は細かく裂ける③。葉柄基部の鱗片は広卵形④。

①東京都八王子市 2019.11

②羽片の裏側、胞子嚢群

③葉軸の鱗片

④葉柄基部の鱗片

オシダ科イノデ属

24-4-雑s
ツヤナシフナコシイノデ

Polystichum ×pseudo-inadae Shimura, nom. nud.

環境：林床。
分布：本州（関東以西）〜九州（福岡県、佐賀県、熊本県）。
生態：常緑多年草。
形態：葉身は薄緑色で光沢は少ない①。胞子嚢群は小羽片の中間につく②。葉軸と葉柄の鱗片は淡褐色③④。

①東京都八王子市 2019.12

②羽片の裏側、胞子嚢群

③葉軸の鱗片

④葉柄基部の鱗片

24-4-雑t
ゴテンバイノデ

Polystichum ×yuyamae Sa. Kurata, nom. nud.

環境：林床。
分布：本州。
生態：常緑多年草。
形態：葉身は薄緑色で光沢は少ない①。胞子嚢群は小羽片の中間〜辺縁寄り②。葉軸の鱗片は淡褐色③。葉柄基部の鱗片は褐色〜淡褐色で中央が濃褐色を帯びるものがある④。

①茨城県桜川市 2019.11

②羽片の裏側、胞子嚢群

③葉軸の鱗片

④葉柄基部の鱗片

オシダ科イノデ属

24-4-雑u
シモフサイノデ

Polystichum ×*inadae* var. *miekoi* Yashiro, nom. nud.

環境：林床。
分布：本州(福島県、千葉県、東京都)。
生態：常緑多年草。
形態：葉面は薄緑色で光沢は少ない①。胞子嚢群は小羽片の中間につく②。葉軸と葉柄の鱗片は淡褐色～褐色で辺縁は歯牙状に細かく裂ける③④。

①千葉県成田市 2008.6

②羽片の裏側、包膜と胞子嚢群

③葉軸の鱗片　④葉柄基部の鱗片

24-4-雑v
サンブイノデ

Polystichum ×*midoriense* var. *sanbuense* Yashiro, nom. nud.

環境：林床。
分布：本州(宮城県、千葉県)。
生態：常緑多年草。
形態：葉面の光沢は少ない①。胞子嚢群は中肋寄りにつく②。葉柄の鱗片は著しくねじれ、基部には大形の鱗片がつく③。
和名：本種が発見された千葉県山武町(現在の山武市)にちなむ。

①千葉県山武市 2000.11

②羽片の裏側、胞子嚢群

③葉柄基部の鱗片

シダ植物（イノデ属3種）と種子植物の葉の内部構造を見る

イノデ、アスカイノデ、アイアスカイノデの3種、比較のために種子植物のシラカシの葉の構造を顕微鏡で観察した。

写真はそれぞれ上側が葉の表側である。シダ植物3種は葉身中部の小羽片を用いた。

葉の表側（向軸側）と裏側（背軸側）はいずれも1層の表皮細胞で構成される。裏側には気孔が散在する。種子植物のシラカシでは表面のクチクラ層が厚く発達するが、イノデ属3種は顕著なクチクラ層の発達はない。

イノデ属3種の向軸側の葉肉細胞はやや密な配列をしているが、明瞭な柵状組織は構成していない。種子植物のシラカシでは向軸側の柵状組織（葉の表側にある細長い細胞が縦に密に接して並んだ組織）と背軸側の海綿状組織（葉の裏側にある不規則な形の細胞の集まりで、細胞間の隙間がたくさんある）の分化が明瞭である。

葉肉（葉の内部にある葉緑体を含む細胞の集まり）内のところどころに維管束（葉脈）があり、周囲を維管束鞘がおおっている。イノデ属3種の維管束鞘には内鞘と外鞘の2重構造が認められる。

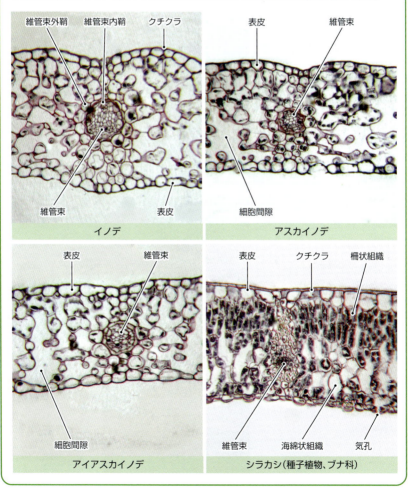

オシダ科ヤブソテツ属

24-5
ヤブソテツ属
Cyrtomium C.Presl

根茎は塊状で葉を叢生。葉身は単羽状。羽片は広披針形〜卵形。葉脈は網目状。胞子嚢群は円形。イノデ属に近縁な群である。世界に約50種、日本では約12種が知られる。

24-5-66
ヒメオニヤブソテツ
Cyrtomium falcatum (L.f.) C.Presl subsp. *littorale* S.Matsumoto ex S.Matsumoto et Ebihara

環境：波しぶきのかかる海食崖。
分布：北海道〜九州。
生態：常緑多年草。2倍体の有性生殖種。
形態：葉は長さ10cm前後のものが多い。側羽片は4〜6対。下方の羽片の基部は心形になる②。包膜は灰白色で中央部が黒褐色になることはない②。葉柄基部の鱗片は薄い黄褐色。

①静岡県伊東市 2009.3

②羽片の裏側、包膜と胞子嚢群

24-5-67
オニヤブソテツ
Cyrtomium falcatum (L.f.) C.Presl subsp. *falcatum*

環境：沿海地の崖、石垣など。
分布：本州〜九州、琉球列島。
生態：常緑多年草。3倍体の無融合生殖種(注)。
形態：葉は長さ30〜60cm、葉質は厚く硬い①。側羽片は9〜13対。羽片の幅は基部付近が最大となる。小羽片の辺縁の多くは全縁であるが鋸歯のあるものもある①。包膜は通常は中心部が黒褐色②。葉柄基部の鱗片は黄褐色③。

①千葉県いすみ市 2020.9

②羽片の裏側、包膜と胞子嚢群

③葉柄基部の鱗片

(注)p.221参照。

オシダ科ヤブソテツ属

24-5-68
ナガバヤブソテツ

Cyrtomium devexiscapulae (Koidz.) Ching

環境：林床。
分布：本州～九州、琉球列島。
生態：常緑多年草。4倍体の有性生殖種。
形態：葉は長さ40～80cm①。側羽片は7～11対。羽片基部はくさび形が多いが、オニヤブソテツに似て円形のものもある①。羽片の中央の幅は平行部分がある①。包膜は円形で中心部は黒褐色②。葉柄基部の鱗片の中央は濃褐色のものがある③。

①千葉県多古町 2006.11

②羽片の裏側、包膜と胞子嚢群

③葉柄基部の鱗片

24-5-69
メヤブソテツ

Cyrtomium caryotideum (Wall. ex Hook. et Grev.) C.Presl

環境：山地の林縁、崖など。石灰岩地帯を好んで生育する。
分布：本州～九州。
生態：常緑多年草。
形態：葉は長さ30～60cm①。側羽片は5～6対。羽片の辺縁には細かい鋸歯がある②。羽片基部上側の耳片はとがる①。最下羽片は下側にも耳片をもつ①。包膜の縁は突起状の鋸歯がある③。葉柄基部の鱗片は褐色。

①千葉県成田市 2006.1

②羽片の裏側、包膜と胞子嚢群

③写真②の一部拡大、包膜と胞子嚢群

オシダ科ヤブソテツ属

24-5-70
テリハヤブソテツ

Cyrtomium laetevirens (Hiyama) Nakaike

環境：林床、林縁、石垣など。
分布：本州〜九州。
生態：常緑多年草。
形態：葉は長さ40〜70cm。葉身は暗緑色で光沢がある①。側羽片は13〜16対。羽片の基部は円形。羽片基部の上側は明瞭な耳片にならないものが多い①。包膜は円形で灰白色②。葉柄基部の鱗片は濃褐色のものが多い③。

①千葉県成田市 2006.1

②羽片の裏側、包膜と胞子嚢群

③葉柄基部の鱗片

24-5-雑a
ナガバヤブソテツモドキ

Cyrtomium ×*kaii* Nakaike, nom. nud.
ナガバヤブソテツ × テリハヤブソテツ

環境：林床や林縁。
分布：本州（関東地方以西）〜九州。
生態：常緑多年草。
形態：葉質はナガバヤブソテツに似て厚く光沢がある。羽片の耳片は発達しない①。包膜の中心は濃褐色②。胞子は大小があり不定形③。葉柄基部の鱗片は濃褐色のものが多い④。

①千葉県睦沢町 2021.4

②羽片の裏側、包膜

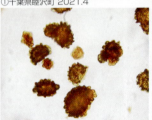
③胞子

④葉柄基部の鱗片

オシダ科ヤブソテツ属

24-5-71
イズヤブソテツ

Cyrtomium atropunctatum Sa. Kurata

環境：林床、崖地。
分布：本州(千葉県以西)〜九州。
生態：常緑多年草。
形態：葉は長さ50〜70cm。葉面は黒味を帯びた緑色で強い光沢がある①。側羽片は11〜16対。羽片には平行部分があり耳片は発達しない①②。包膜は円形で中心は黒褐色③。葉柄基部の鱗片は披針形で褐色〜濃褐色④。

①千葉県いすみ市 2010.1

②羽片の表側

③羽片の裏側、包膜と胞子嚢群

④葉柄基部の鱗片

シダ類の名前 (2) −いろいろな語尾とその由来−

シダ植物の名前には語尾にいくつかのパターンがある。その意味について調べてみた。諸説あるものがあるが、主なものをまとめた。なお和名の語尾は、シダ類の名前(1)で述べたように系統分類に従ったものではない。

○○シダ
漢字では羊歯、歯朶、師太など。シダ植物の総称として用いられることが多い。名の由来は「垂(した)る」が転化したという説がある。
例：オシダ、ベニシダ、ハシゴシダ、ヘラシダ、コモチシダ

○○ワラビ
漢字では蕨。名の由来はワラミ(藁実)麦わらのような茎と食べられる実という説、ワラハテフリ(童手振)童の手に似るという説、ハルミ(春味)が転化したなど諸説ある。
例：オオハナワラビ、ヒメワラビ、コウヤワラビ、ハリガネワラビ

○○イノデ
漢字では猪手。葉柄や葉軸に赤褐色の鱗片を密生していること、また芽立ちが猪の手(足)にたとえられた。
例：アスカイノデ、サカゲイノデ、サイゴクイノデ

○○ウラボシ
漢字では裏星。葉の裏につく胞子嚢群のようすを星に見立てた。
例：ミツデウラボシ、ミヤマウラボシ

○○シノブ
着生植物であり、土のないところで堪え忍ぶからという説がある。
例：ホラシノブ、タチシノブ、ノキシノブ

○○カグマ
シダ類の古名。由来は不明。
例：フモトカグマ、ミサキカグマ

オシダ科ヤブソテツ属

24-5-72
ヤブソテツ

Cyrtomium fortunei J.Sm.

環境：林床、林縁。
分布：北海道〜九州。
生態：常緑多年草。
形態：葉は長さ50〜70cm。側羽片は8〜20対で変異が大きい①。羽片の基部上側に耳片のあるものとないものがある。羽片の先は鎌状に曲がる。包膜と胞子嚢群は円形②。葉柄基部の鱗片は褐色〜濃褐色③。

①茨城県常陸太田市 2013.11（本個体はヤブソテツa型に相当）

②羽片の裏側、包膜と胞子嚢群

③葉柄基部の鱗片

ヤブソテツにはきわめて多くの型があるが、現状はそれぞれの型を明確に識別できる段階には至っていない。岡武利氏はヤブソテツをa型とb型の2型に類型化しており、本書においても同氏の見解に沿ってa型、b型の2型を認めた。しかし、両型以外にも中間的な個体や分類が困難なものが多く、明確な分類には今後の研究の進展が待たれる。

ヤブソテツb型
羽片数は7〜10対。羽片は光沢がなく葉質は薄く幅が広い。一般にツヤナシヤブソテツと呼ばれている型。
千葉県印西市 2006.1

ヤブソテツb型
羽片数は6〜8対。羽片は光沢があり葉質は厚い。一般にヒラオヤブソテツと呼ばれている型。
千葉県君津市 2007.12

オシダ科ヤブソテツ属

24-5-雑b
マムシヤブソテツ

Cyrtomium devexiscapulae (Koidz.) Ching × *C. fortunei* J.Sm.
ナガバヤブソテツ × ヤブソテツ

環境：林床、林縁。
分布：本州(関東地方以西)〜九州。
生態：常緑多年草。
形態：本写真の個体はナガバヤブソテツとツヤナシヤブソテツと呼ばれている型の雑種と推定される。葉面の光沢は少なく淡緑色で葉質は厚い①。羽片は耳片が発達する①。包膜の中心は濃褐色②。胞子は大小があり不定形③。ヤブソテツのいろいろな型を反映した様々な形質の個体がある。

①千葉県多古町 2021.5

②羽片の裏側、包膜　　③胞子

24-5-73
ヒロハヤブソテツ

Cyrtomium macrophyllum (Makino) Tagawa

環境：林縁、崖など。
分布：本州(新潟県〜千葉県以西)〜九州。
生態：常緑多年草。
形態：葉は長さ30〜50cm。側羽片は5〜7対、網状脈。頂羽片は大形で3裂状①、網状脈。胞子嚢群は中肋寄りに散在する②。包膜は円形で灰白色③。

①千葉県君津市 2004.12

②羽片の裏側、包膜と胞子嚢群　③包膜と胞子嚢群

オシダ科ヤブソテツ属

24-5-74
ツクシヤブソテツ

Cyrtomium tukusicola Tagawa
環境：林縁、崖など。
分布：本州(関東地方以西)〜九州。
生態：常緑多年草。
形態：葉は長さ40〜60cm。側羽片は7〜10対、基部はくさび形で上側に耳片はない①。胞子嚢群は羽片の裏側全体に散在。包膜の中心は黒褐色②。葉柄基部の鱗片は褐色〜濃紫褐色。

①千葉県鴨川市 2006.12

②羽片の裏側、包膜と胞子嚢群

③葉柄基部の鱗片

24-5-75
ミヤコヤブソテツ

Cyrtomium yamamotoi Tagawa
環境：林縁や崖など。
分布：本州(宮城県以南)〜九州。
生態：常緑多年草。
形態：葉は長さ40〜60cm。側羽片は8〜11対。上方の羽片基部はくさび形になり、耳片をつくることが多い①。胞子嚢群は羽片の裏側全体に散在し包膜の中心は黒褐色②。葉柄基部の鱗片は褐色〜濃紫褐色。

①千葉県多古町 2006.3

②羽片の裏側、包膜と胞子嚢群

③葉柄基部の鱗片

オシダ科ヤブソテツ属

■ 押し葉標本で見るヤブソテツ属各種の葉形

同一の種類でも生育する場の環境、栄養条件などの違いによって個体ごとに少なからず変異が認められる。したがって、どの種類にも検索表によって示された記述内容とはいくぶんのズレがあるのは当然のことである。ここでは葉全体の形が把握しやすい押し葉標本によって、各種の形態的差異とともに個体変異の例を示しておく。ヤブソテツのように同一種内での変異が著しく多様であるものは多数例を示してある。葉は1回羽状複葉と比較的単純なつくりのヤブソテツ属ではあるが、下記のような様々な特徴のものがある。

1 羽片の数の多少：ヒメオニヤブソテツのような羽片が少数対のものやテリハヤブソテツのように多数対に限られるものがある一方で、他の多くの種では羽片数の変異が顕著である。

2 羽片の辺縁の形：メヤブソテツのように羽片の辺縁に細鋸歯をもつものがある一方で、ほぼ全縁のヒメオニヤブソテツ、テリハヤブソテツ、イズヤブソテツ、ヒロハヤブソテツ、ツクシヤブソテツ、ミヤコヤブソテツなどがある。

3 羽片の耳片の発達程度：耳片が発達しないヒメオニヤブソテツ、テリハヤブソテツ、ヒロハヤブソテツ、ツクシヤブソテツなどがある一方で、オニヤブソテツ、メヤブソテツ、ミヤコヤブソテツなどのように耳片の発達を伴う種類がある。

4 羽片表面の光沢：多くの種類で強い光沢が認められるが、ヤブソテツの種内には無光沢のものが含まれる。

5 羽片基部の形：羽片の基部はヒメオニヤブソテツ、オニヤブソテツ、メヤブソテツ、テリハヤブソテツ、ヒロハヤブソテツのように丸みのあるものと、ナガバヤブソテツ、ツクシヤブソテツ、ミヤコヤブソテツのようにくさび形のものがある。

ヒメオニヤブソテツ
東京都大島 2001.11.4
羽片は3〜4対と少ない

オニヤブソテツ
千葉県多古町 1993.1.10
羽片が12対以上の型

オニヤブソテツ
千葉県多古町 1996.12.27
羽片が5〜6対の少ない型

ナガバヤブソテツ
千葉県成田市 1999.12.25
羽片基部が円形で多数羽片の型

ナガバヤブソテツ
千葉県成田市 1990.2.25
羽片基部がくさび形で少数羽片の型

メヤブソテツ
千葉県君津市 1990.12.27
羽片が5〜6対の通常の型

オシダ科ヤブソテツ属

メヤブソテツ
栃木県栃木市 2000.12.9
羽片が少ない型

テリハヤブソテツ
千葉県成田市 2009.11.21
羽片基部は円形、羽片数は15対以上

ナガバヤブソテツモドキ
千葉県印西市 2022.3.17
テリハヤブソテツとナガバヤブソテツの雑種

イズヤブソテツ
千葉県市原市 2012.12.27
羽片は平行部分がある

ヤブソテツa型
千葉県香取市 2009.8.14
表面は無光沢、耳片が発達する

ヤブソテツa型
千葉県千葉市 2003.6.22
表面は無光沢、辺縁は鋸歯がある

ヤブソテツa型(細葉多羽片型)
千葉県市原市 2005.10.4
羽片が多く20対以上

ヤブソテツb型
千葉県君津市 1991.2.3
羽片は光沢があり、耳片が発達する

ヤブソテツb型
千葉県君津市 2003.11.15
羽片は光沢があり、辺縁は鋸歯がある

オシダ科ヤブソテツ属

ヤブソテツ(a型とb型の中間型)
千葉県多古町 1989.12.10
羽片は15対、表面は光沢がある

マムシヤブソテツ
千葉県成田市 2012.2.16
ヤブソテツとナガバヤブソテツの雑種

ヒロハヤブソテツ
千葉県君津市 1996.4.13
羽片は4対、基部は円形

ヒロハヤブソテツ
千葉県君津市 1991.2.3
羽片は3対で少ない、羽片は細長い

ツクシヤブソテツ
千葉県君津市 2012.12.31
羽片は6対、基部はくさび形

ツクシヤブソテツ
千葉県君津市 1988.11.13
羽片は3対で少ない

ミヤコヤブソテツ
千葉県大多喜町 2007.12.23
羽片の基部はくさび形

ミヤコヤブソテツ
千葉県君津市 2000.1.6
羽片の基部は円形

ミヤコヤブソテツ
千葉県多古町 2003.12.14
羽片の基部は広い円形で葉軸に接する

海岸のシダ

海水飛沫を浴び強風にさらされる海岸は多くの陸上植物にとって生育に不適な過酷な環境であり、海岸植物と呼ばれる特有の種群で占められる。千葉県銚子市犬吠埼の海岸岩場ではヒゲスゲ、イソギク、ツワブキなどが高い優占度を示す（写真左）。このような特異な環境にも進出して適応したシダがある。ハマホラシノブ（15-1-02）、ヒメオニヤブソテツ（24-5-66）、オニヤブソテツ（24-5-67）などである（写真右、画像内で右上部に見えるのはアカネ科のソナレムグラ）。多様な植物の侵入を許さない海岸の最前線は熾烈な種間競争が緩和された彼らにとっての楽園といえるかもしれない。

千葉県銚子市犬吠埼

海岸に生育するハマホラシノブ、鹿児島県南九州市

表土の攪乱で出現したミズスギ

千葉県の九十九里平野は縄文後期の海退期に陸化した所で、海退に伴って生じた何列もの浜堤列が認められる。浜堤の後背地の多くは湿地や水をたたえた池沼となり、海退に伴って生じた海跡湖として古くはこの地域の一帯に多数が存在した。しかしながら、近年では土地の改変が進行して耕作地や宅地等となり、ほとんどが姿を消した。千葉県横芝光町の「乾草沼」は残存する数少ない海跡湖のひとつである。

筆者の谷城はこの乾草沼とその周辺の湿地林の植物相を30年以上前から継続調査しているが、2021年に湿地林の一角で大規模な樹木の伐採と表土の攪乱・造成が行われ、2023年10月に写真のように多数個体のコモウセンゴケとともにミズスギ（1-2-04）が出現した。これまでの調査で確認されたことのないこれら2種の出現はまったく予想外であった。両種は埋土種子（胞子）からの発芽と推測されるが、胞子のような微小な細胞が30年以上にわたって発芽能力を保持し続ける事実は、驚愕するばかりである。1/10mmにも満たない小さなミズスギ胞子の生命力はいかなるしくみによって永く保持されるのであろうか。筆者はミズスギの豊産する和歌山県や愛知県の所どころで植生調査を行い構成種を調べてきたが、多くの所でコモウセンゴケが共通して確認された。この2種は互いに結びつきの強い関係がある。

胞子の発芽と前葉体の形成

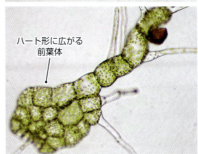

発芽後の胞子がどのように変化して前葉体[注1]を形成していくのかを観察するためにリョウメンシダの胞子[注2]を発芽させてみた。採取した胞子をシャーレ(蓋つきの透明ガラス容器)にとって蒸留水(煮沸して冷ました水道水、雨水の方がより自然でよかったかもしれない)を注いでおいた。

4日目ころから発芽する胞子が見られるようになり、10日目には写真上のような仮根細胞と横方向に分裂して伸びる糸状体(または原糸体ともいう)が確認されるようになった。さらに数日すると糸状体先端の前葉体細胞が縦方向にも分裂をしはじめ(写真中)、やがてハート形に広がって前葉体の本体への発達がみられるようになった(写真下)。

[注1] 1cmにも満たないハート形をした卵細胞や精子をつくる体、シダの本体が胞子を作る胞子体であるのに対して前葉体は配偶子を作るので配偶体ともいう。

[注2] 多くのシダの胞子成熟期が7〜8月であるのに対して、リョウメンシダの胞子は11月下旬ころからの冬期に熟す。

シダ類の名前(3) −いろいろな語尾とその由来−

○○ショリマ
クサソテツのアイヌ語に由来する。
例:オオバショリマ、ホソバショリマ

○○デンダ
連朶(れんだ)に由来する。小さい羽片(切れ込みのない)が葉軸に連なってついているようすをいう。シダ植物の古名でもある。
例:イワデンダ、ツルデンダ、オシャグジデンダ

○○ソテツ
漢字では蘇鉄。蘇はよみがえるの意があり、弱った蘇鉄に鉄分を与えると元気になるからという説がある。シダ植物では、葉が硬く羽片が尖っているなどの形態がソテツに似ていることによる。
例:テリハヤブソテツ、オニヤブソテツ、ヤマソテツ

○○ゼンマイ
銭巻。芽立ちがくるりと巻く姿を鉄製の古銭にたとえた。ばねのぜんまいはこのシダの芽立ちから名付けられた。
例:イワガネゼンマイ、ヤシャゼンマイ

25 タマシダ科　Nephrolepidaceae

常緑多年草で葉身は1回羽状複葉。胞子嚢群は円形または円腎形の包膜をもつ。熱帯に多く分布する。

25-1
タマシダ属

Nephrolepis Schott

根茎は短く小さい鱗片を圧着させ、針金状の硬いほふく枝（地表をはって水平に伸びる枝）を出す。ほふく枝は所どころに球形の塊茎と芽をつける。葉脈は遊離する。日本に3種が分布するが、観葉植物としていろいろな品種がある。

25-1-01
タマシダ

Nephrolepis cordifolia (L.) C. Presl

環境：地上生。日の当たる岩上や樹幹に着生する①。
分布：本州（神奈川県以西）〜九州、琉球列島。
生態：常緑多年草。ほふく枝に茶褐色の塊茎をつける③。走出枝に芽をつける④。
形態：葉身は1回羽状複葉①。羽片は無柄で耳片があり、辺縁には微細な鋸歯がある②。胞子嚢群は辺縁近くに1列につく②。
和名：ほふく茎の塊茎から玉シダ。

①千葉県鴨川市 2020.12

②羽片の裏側、包膜と胞子嚢群

③塊茎

芽が出始めたところ
④走出枝からの出芽

26 シノブ科　Davalliaceae

着生、地上性の常緑多年草。根茎は長くほふくし、密に鱗片をつける。葉脈はすべて遊離する。

26-1
シノブ属

Davallia Sm.

夏緑性または常緑性。葉身は三角形から五角形となる。胞子嚢群は脈端につき、包膜は外向きにつく。日本に3種。

26-1-01
シノブ

Davallia mariesii T. Moore ex Baker

環境：樹幹や岩上に着生①。
分布：北海道〜九州、琉球列島。
生態：夏緑多年草。根茎を長く伸ばし、所どころに葉をつける②。
形態：葉柄は細く早落性の鱗片をつける。葉身は3回〜4回羽状複葉で、最下羽片が大きい①。裂片の先は丸みを帯びてへこみ2つに分かれる①。胞子嚢群は裂片に1個ずつつき、コップ状③。
和名：土がないところでも耐え忍んで生育している姿から「忍」。忍玉（しのぶだま）として観賞用に栽培されている。

①樹幹に着生、東京都奥多摩町 2019.10

②ほふく茎と葉　　③裂片に1個ずつ胞子嚢群がつく

27 ウラボシ科　Polypodiaceae

着生、岩上生の種を多く含む分類群である。根茎は長くほふくするものが多い。葉身は単葉〜1回羽状複葉のものが大多数。胞子葉と栄養葉は同形または二形。胞子嚢群は円形〜楕円形、まれに線形で包膜を欠く。

27-1
エゾデンダ属

Polypodium L.
着生または岩上生で葉身は単葉（羽状中裂〜深裂）。日本に3種2雑種。

27-1-01
オシャグジデンダ

Polypodium fauriei H. Christ
環境：岩上や樹幹に着生。
分布：北海道〜九州。
生態：冬緑多年草。
形態：葉身は有毛で狭い卵形から広披針形で基部はやや狭くなる①。葉軸の裏側にやや密に毛がある③。葉柄にもまばらな毛がある。葉は草質から薄い紙質。胞子嚢群は裂片の中間またはやや中肋寄りにつく②。葉身は乾くと渦巻き状に巻きこむ④。

①樹幹に着生、福島県天栄村 2018.9

②羽片の裏側、胞子嚢群

③葉軸の裏側の毛

④乾いた葉

ウラボシ科

①静岡県河津町 2021.4

②羽片の表側

③羽片の裏側、胞子嚢群

27-2
カラクサシダ属

Pleurosoriopsis Fomin

着生または岩上生。葉身は2回羽状中裂〜深裂。胞子嚢群は長楕円形。日本に1種。

27-2-02
カラクサシダ

Pleurosoriopsis makinoi (Maxim. ex. Makino) Fomin

環境：岩上生、着生(樹幹)。
分布：北海道〜九州、屋久島。
生態：常緑多年草。根茎はコケの間をほふくし、径約1mmと長く細い。
形態：葉身は卵状長楕円形①。裂片は狭倒卵形で全縁、両側に褐色の毛をつける②。葉はやや厚めの紙質。胞子嚢群は裂片の脈上から中肋までつく③。包膜はない。

①群生、静岡県東伊豆町 2021.4

②栄養葉と胞子葉、胞子嚢群
③根茎

27-3
マメヅタ属

Lemmaphyllum C. Presl

着生または岩上生。葉身は単葉(羽状中裂〜深裂)。胞子嚢群は円形。日本に2種。

27-3-03
マメヅタ

Lemmaphyllum microphyllum C. Presl

環境：岩上や樹幹に着生①。
分布：本州(宮城県以南)〜九州、琉球列島。
生態：常緑多年草。根茎は長くはい、不規則に分岐する③。
形態：栄養葉は円形から楕円形、胞子葉は線形からへら形で全縁②。葉は肉質で厚く、表側はやや濃い緑色。胞子嚢群は胞子葉の中肋の両側に縦に伸び、線形②。

27-4
ノキシノブ属
Lepisorus (J. Sm.) Ching

着生または岩上生、まれに地上生。葉身は単葉で線形、全縁。網状脈で遊離小脈がある。胞子嚢群は円形で、若い時期には格子状の鱗片におおわれる。日本に13種4雑種。

27-4-04
ミヤマノキシノブ
Lepisorus ussuriensis (Regel et Maack) Ching var. *distans* (Makino) Tagawa

環境：山林中の岩上や樹幹に着生。
分布：北海道〜九州、屋久島。
生態：常緑多年草。根茎がはい、葉がまばらにつく⑤。
形態：葉は薄く硬い。中肋は下部が黒褐色①。根茎の鱗片は単色性で小さく④、早落性で根茎先端部分のみに残る。葉柄は黒褐色③。胞子嚢群は葉身の上半部の辺縁と中肋の中間につく②。

①山梨県北杜市 2021.10

②葉身の裏側、胞子嚢群

③葉柄

④根茎の鱗片

⑤根茎とまばらにつく葉

ウラボシ科ノキシノブ属

27-4-05
ヒメノキシノブ

Lepisorus onoei (Franch. et Sav.) Ching

環境：やや明るい林中の岩上や樹幹に着生。
分布：北海道〜九州、琉球列島。
生態：常緑多年草。細く長い根茎を伸ばし、葉をまばらにつける③。
形態：葉身は線形、上端付近が広く鈍頭から鋭頭、長さ3〜10cm①。葉は革質で無毛。胞子嚢群は数個が葉身上部の中肋と辺縁の中間につく②。

①東京都奥多摩町 2019.10

②葉身の裏側、胞子嚢群

③樹幹に群生

27-4-06
ノキシノブ

Lepisorus thunbergianus (Kaulf.) Ching

環境：山地の日陰の岩上や樹幹に着生。
分布：北海道〜九州、琉球列島。
生態：常緑多年草。根茎は長く横走し、葉は近接して密につく①。
形態：葉身は線形から広線形。大きさには変異がある。上方に向けてしだいに狭くなり、先は尖る。基部はしだいに狭くなり、葉柄との境は不明瞭①。葉は革質。胞子嚢群は葉身の上半部につき中間生②。胞子嚢群は初め楯状の鱗片におおわれる③④。根茎の鱗片は黒褐色で辺縁が淡褐色の二色性⑤。

①千葉県館山市 2018.2

②葉身の裏側、胞子嚢群

③鱗片におおわれた胞子嚢群

④鱗片を落とした胞子嚢群

⑤根茎の鱗片

ウラボシ科

27-4-07
ナガオノキシノブ

Lepisorus angustus Ching

環境：山林中の岩上や樹幹に着生。
分布：北海道、本州（宮城県以南）、九州。
生態：常緑多年草。
形態：葉身は軟らかい革質で細長く、先端は尾状に伸びる①。葉柄は明瞭で淡緑色③。胞子嚢群は葉身の先端側からつき、楕円形②。根茎はやや長くほふくし、二色性のある鱗片が密生する④。

①山梨県北杜市 2021.10

②葉身の裏側、胞子嚢群

③根茎と葉

④根茎の鱗片

27-5
クリハラン属

Neolepisorus Ching

地上生または岩上生。葉身は単葉、胞子嚢群は円形〜線形。日本に2種。

27-5-08
クリハラン

Neolepisorus ensatus (Thunb.) Ching

環境：山地のやや陰湿な林中、渓流沿いの地上や岩上。
分布：本州〜九州、琉球列島。
生態：常緑多年草。
形態：葉身は単葉で広披針形①②。葉の両側に小形の鱗片が圧着するようにつく④。葉柄は長く、基部に黒褐色の鱗片がやや密につく③。胞子嚢群は中肋の両側に並ぶ②。根茎は長く横走し、淡褐色の卵状〜卵状披針形の鱗片を密生する⑤。

①静岡県東伊豆町 2021.4

④葉面の鱗片

②葉身の裏側、胞子嚢群　③葉柄基部の鱗片

⑤根茎の鱗片

27-6

ヒトツバ属

Pyrrosia Mirb.

着生または岩上生、まれに地上生。葉身は全縁で単葉または3～5裂、革質で星状毛がある。胞子嚢群は遊離小脈に背生または頂生し、円形～楕円形で、葉の全面をおおうようにつくことがある。日本に5種1雑種。

27-6-09

ビロードシダ

Pyrrosia linearifolia (Hook.) Ching

環境：山中の日陰地の岩上や樹幹に着生。
分布：北海道～九州、琉球列島。
生態：常緑多年草。
形態：葉身は線形で先端は円頭①。葉全体が黄褐色～灰褐色の星状毛におおわれる②。胞子嚢群は円形で、中肋の両側に並ぶ③。根茎は長く横走し、鱗片におおわれる。根茎の鱗片は赤褐色～褐色で基部がやや濃い線状披針形④。

①栃木県塩原町 2005.7

②葉の表側の星状毛

④根茎の鱗片

③葉身の裏側、胞子嚢群

ウラボシ科ヒトツバ属

27-6-10
ヒトツバ
Pyrrosia lingua (Thunb.) Farw.

環境：やや乾燥した岩上や樹幹に着生②③。
分布：本州(関東以西)〜九州、琉球列島。
生態：常緑多年草。
形態：葉身は卵形〜広披針形、全縁で革質、葉柄は長い①。胞子葉はやや幅が狭い①。裏側は灰褐色の星状毛が密につく①。胞子嚢群はやや混み合ってつき、円形で葉の裏側をおおう①。根茎は長く横走する②③。

①栄養葉と胞子葉、千葉県鴨川市 2020.10

②群生、千葉県大多喜町 2020.10

③樹幹をはう根茎

27-6-11
イワオモダカ
Pyrrosia hastata (Houtt.) Ching

環境：林の中で岩上や樹幹に着生。
分布：北海道〜九州。
生態：常緑多年草。
形態：葉身は掌状に3〜5裂、全縁で革質。葉の表側はほとんど無毛①。裏側は灰褐色〜赤褐色の星状毛に密におおわれ褐色に見える②③。葉柄は長く、星状毛が密につく。胞子嚢群は円形で主側脈の間に3〜7列に並ぶ②③。根茎は短く横走する。

①山梨県早川市 2017.11

②葉身の裏側、胞子嚢群

③胞子葉の裏側の拡大、胞子嚢群

27-7
サジラン属

Loxogramme (Blume) C. Presl

葉身は全縁の単葉。胞子嚢群は普通線形で、まれに円形〜楕円形、葉身の中肋に対して斜めにつく。日本に4種1雑種。

①静岡県東伊豆町 2021.4　②葉身の裏側、胞子嚢群

27-7-12
ヒメサジラン

Loxogramme grammitoides (Baker) C. Chr.

環境：林中の陰湿な岩上に着生。
分布：北海道〜九州、屋久島。
生態：常緑多年草。
形態：葉身は倒卵形で、先端に近い所で幅が最大となる①。葉柄はほとんどない②。胞子嚢群は葉の上半部につき、長楕円形〜線形。中肋近くに通常は斜めに、狭い葉ではほぼ平行につく②。

27-7-13
イワヤナギシダ

Loxogramme salicifolia (Makino) Makino

環境：山地の林の岩上や樹幹に着生。
分布：本州(千葉県以西)〜九州、琉球列島。
生態：常緑多年草。
形態：葉は単葉で、胞子葉は栄養葉に比べて幅が狭い①③。葉柄は淡い緑色②。胞子嚢群は線形③。葉柄基部の鱗片は褐色で全縁、密につく④。根茎は横走し、密に鱗片をつける。

①千葉県南房総市 2020.7

②葉身の表側
③葉身の裏側、胞子嚢群

④葉柄基部の鱗片

ウラボシ科

27-7-14
サジラン

Loxogramme duclouxii H. Christ

環境：山地の林の岩上や樹幹に着生。
分布：本州(福島県以南)〜九州、屋久島。
生態：常緑多年草。
形態：葉は単葉で二形性はない③。葉柄は短く、下部は光沢のある紫褐色〜黒褐色②。胞子嚢群は線形③。葉柄基部には鱗片が密につく。鱗片は黒褐色で辺縁にわずかな鋸歯がある④。根茎は長く横走し、やや密に鱗片をつける。

①静岡県河津町 2021.4

②葉柄　④葉柄基部の鱗片
③栄養葉と胞子葉、胞子嚢群

27-8
オキノクリハラン属

Leptochilus Kaulf.

葉身は全縁の単葉〜羽状深裂。胞子嚢群は裂片の側脈の間につき、円形〜線形、または裏側全体につく。日本に7種5雑種。

27-8-15
イワヒトデ

Leptochilus ellipticus (Thunb.) Noot

環境：陰湿な林内や渓流沿いの岩場。
分布：本州(伊豆諸島、伊豆半島以西)〜九州、琉球列島。
生態：常緑多年草。
形態：葉身は頂羽片のある1回羽状深裂、側羽片は2〜5対。わずかに二形性があり胞子葉は栄養葉より羽片の幅が狭い①。葉はやや厚い紙質で光沢があり無毛。胞子嚢群は線形で斜めにつく②。
参考：オオイワヒトデ *Leptochilus neopothifolius* Nakaike は葉の二形性がなく、大形で側羽片は6〜12対③。

①静岡県西伊豆町 2022.3

②羽片の裏側、胞子嚢群

③オオイワヒトデ、沖縄県石垣島 2013.3

27-9
ミツデウラボシ属

Selliguea Bory

葉身は単葉で切れ込まないものから、羽状に切れ込むもの、3裂するものがある。胞子嚢群は円形〜線形。日本に5種3雑種。

27-9-16
ミツデウラボシ

Selliguea hastata (Thunb.) Fraser-Jenk.

環境：低山地の岩上や露頭など比較的乾いた場所。
分布：北海道〜九州、琉球列島。
生態：常緑多年草。
形態：葉身は単葉〜3裂片に分かれる①。葉は紙質。胞子嚢群は円形で、やや中肋寄りに1列ずつ並ぶ②。葉柄基部の鱗片は卵形、褐色で膜質③。若い葉は小さな楕円形④。

①千葉県市原市 2019.8

②葉身の裏側、胞子嚢群　③葉柄基部の鱗片　④若い株

27-9-17
ミヤマウラボシ

Selliguea veitchii (Baker) H. Ohashi et K. Ohashi

環境：林中の岩壁に着生。
分布：北海道、本州、四国。
生態：夏緑多年草。
形態：葉身は羽状に深裂〜全裂①③。胞子嚢群は円形で葉の上半から下に向けてつき、裂片の中肋近くにつく②。根茎は横走し、細い。

①岩の上に着生、山梨県甲府市 2021.8

②葉身の裏側、胞子嚢群　③栄養葉

ウラボシ科ヤノネシダ属

27-10
ヤノネシダ属

Lepidomicrosorium Ching et K. H. Shing

葉身は単葉。胞子嚢群は円形で、葉の裏側に散在する。葉柄の基部に格子状紋の鱗片を密につける。日本に2種。

27-10-18
ヌカボシクリハラン

Lepidomicrosorium superficiale (Blume) Li Wang

環境：山地の林内で、地上や岩上から樹幹をはいあがって伸びる。
分布：本州（千葉県以西）〜九州、琉球列島、小笠原諸島（母島）。
生態：常緑多年草。
形態：葉身は単葉で披針形。全縁〜わずかに波状縁①。葉柄はやや細く、狭い翼がある①。胞子嚢群は円形で、葉の裏側にやや不規則に散在する②③。根茎は長く伸び、まばらに葉をつける⑤。

①千葉県いすみ市 2013.7

②葉の裏側、千葉県鴨川市 2021.2

③葉身の裏側、胞子嚢群

④葉柄基部の鱗片

⑤根茎

第3部

シダ学入門講座

1 シダ植物の生活史

シダ植物は種子植物と異なり胞子によって繁殖し、その生活史も異なる。ここではシダ植物の一生(生活史)を見てみよう。

シダ植物の一生は胞子をつくる**胞子体**(ほうしたい) - ふだん目にするシダ植物の本体 - と、径1cm程度と小さく目立たない**配偶体**(はいぐうたい)に分けられる。配偶体は**前葉体**(ぜんようたい)という構造を形成し、**造卵器**(ぞうらんき)・**造精器**(ぞうせいき)をつくる。

胞子体は**無性世代**(むせいせだい:染色体数は2n)、配偶体は**有性世代**(ゆうせいせだい:染色体数はn)である。シダ植物には2つの世代が存在し、それを交互にくり返す。多くのシダ植物では染色体数を半減させる減数分裂という細胞分裂が行われ、胞子が生じる。胞子は胞子体の染色体数の半分の染色体をもつことになる。

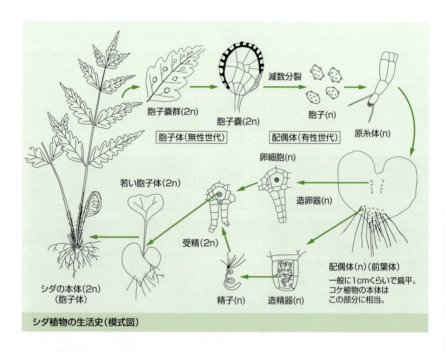

シダ植物の生活史(模式図)

■ 胞子の発芽 ⇒ 配偶体(前葉体) ⇒ 造卵器・造精器

多くのシダ植物では、胞子が発芽すると細胞分裂をくり返して径1cmほどのハート形の前葉体となる。前葉体の裏側(地面に接する面)に造卵器をつくり、中に卵細胞を生じる。やや離れた位置に造精器をつくり、中に精子を生じる。前葉体はこのように配偶子(卵細胞、精子)をつくるので、胞子体に対して配偶体とも呼ばれる。

■ 受精 ⇒ 胞子体形成

成熟した精子は別の前葉体の造卵器に移動して受精する。このとき造卵器の先端からは精子を引きつける酸性の物質を分泌する(一部の種では同一の前葉体の卵細胞と精子が受精することもある)。受精卵は細胞分裂をくり返して胚を形成し、前葉体のくびれの部分から小さい第1葉と根を出す。そして大きく成長し、胞子体をつくる。

2 無融合生殖

シダ植物は一般に減数分裂をして胞子を形成する。これは動物が減数分裂によって配偶子（卵と精子）をつくるのと似ている。

しかしシダ植物では減数分裂をせずに胞子を形成する場合がある。この胞子は染色体数2nのまま発芽成長して前葉体となり、造卵器・造精器をつくらずに前葉体の一部の細胞がそのまま成長して新しい胞子体を生じる。この方法を**無融合生殖**（むゆうごうせいしょく）

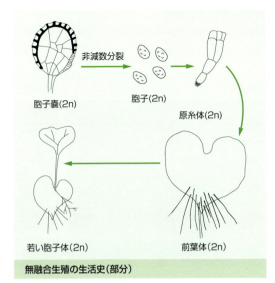

無融合生殖の生活史（部分）

－**無配生殖**（むはいせいしょく）＝**アポガミー**ともいう、単為生殖のひとつの方式－と呼ぶ。日本産のシダ植物では10～15％の種で無融合生殖が行われている。

無融合生殖では1個の胞子のみから受精を経ることなく新しい個体を生じるので、速やかな増殖を可能にする。

主に無融合生殖をするシダ植物はイノモトソウ科、チャセンシダ科、ヒメシダ科、オシダ科などで、それらの科の多くの種で見られる。

無融合生殖を行うシダ植物は胞子嚢内の細胞分裂の回数が1回少なく、1つの胞子嚢内に32個の胞子をもつ。通常の生殖（有性生殖）を行うシダ植物では1個の胞子嚢に64個の胞子が見られる。

●有性生殖種（ハチジョウベニシダ）と無融合生殖種（ベニシダ）の胞子の比較

オシダ科のベニシダ（p.158）の近縁種にハチジョウベニシダ（p.159）がある。両種の形態はよく似ているが、ハチジョウベニシダが有性生殖種であるのに対し、ベニシダは無融合生殖種である。したがってこの両種では、ひとつの胞子嚢中の胞子の数が違う。

ハチジョウベニシダ
・有性生殖種
・1胞子嚢中の胞子数：64個
・胞子の染色体数：n

ベニシダ
・無融合生殖種
・1胞子嚢中の胞子数：32個
・胞子の染色体数：2n

3 無性芽による増殖

葉や茎の一部から分化した細胞群で、本体から離れて新しい個体となるものを**無性芽**(むせいが)という。シダ植物ではここに紹介するような形成部位がある。

●葉面

コモチシダ

●葉軸の先

ホソバイヌワラビ

●葉身の先

クモノスシダ

●分岐した茎の先

イヌカタヒバ

●茎の上方

トウゲシバ

●地中の古い葉柄

リョウメンシダ

4 シダ植物の進化

● シダ植物の出現

古生代のシルル紀には海洋では光合成を行う藻類が増え、酸素が大量に生産された。空中にオゾン層が形成されて太陽の紫外線がやわらぎ、陸上での植物の生育を可能にした。植物が陸上に進出するための大きな条件は、①外部から水を確保、②体外への水の蒸発を減らす、③体を支える、である。この条件に適応するように藻類からシダ植物が進化したと考えられる。

まず、生活に必要な水は地中から取り入れた。そして体全体に水や養分を運ぶ**維管束**(いかんそく)が分化し、体の表面から水分の蒸発を防ぐためには表皮細胞の細胞壁に水を通しにくい**クチクラ層**(くちくらそう)で対応した。一方で、表面からの二酸化炭素や酸素のガス交換が可能になるように、一部の表皮細胞が変化して**孔辺細胞**(こうへんさいぼう)になり、**気孔**(きこう)という隙間を作った。光合成を盛んに行うことにより、体を大きくしていった。その体を支えるために細胞壁にリグニンなどが蓄積された丈夫な組織になった。

● シダ植物の進化過程(古生代〜新生代)

出現したシダ植物の先祖は、陸上生活に適応して徐々に体を大きくしていった。維管束の発達により、石炭紀には**木生シダ**(もくせいしだ)として高さ20m以上に達する大森林を形成した。この時期の化石は世界の良質の石炭として利用されている。

このころ、**小葉類**(しょうようるい)、**有節類**(ゆうせつるい)、**大葉類**(たいようるい)の3つの大きなグループの祖先が出現し、それぞれ進化した。

中生代以降の地球環境の変化により、大繁栄をした裸子植物の林内で、シダ植物は小形化し環境に適応していった。中生代末に多くの生物とともにシダ植物の多くが滅びたが、生き残ったシダ植物は、新生代の環境の変化に適応し、多くは草本化して現在に至っている。

● 小葉と大葉

シダ植物には、葉の形成過程の違いから、**小葉**(しょうよう)と**大葉**(たいよう)がある。
小葉は茎の表面の突起が成長したもので、1本の葉脈をもつ。茎と葉の維管束の間には隙間－**葉隙**(ようげき)－をつくらない。小葉をもつシダ植物を小葉類といい、大葉をもつシダ植物を大葉類という。大葉類はさらに**真嚢シダ類**(しんのうしだるい)と**薄嚢シダ類**(はくのうしだるい)に分けられる(次ページの表を参照)。
大葉の葉脈は分岐して網状脈や遊離脈を形成する。また茎と葉の維管束には葉隙と呼ばれる隙間を生じる。大葉類には種子植物(裸子植物、被子植物)も含まれる。次ページの図では、小葉と大葉の違いに関して、茎と葉が分岐する場所での維管束の連続性を解説する。
トクサ科は大葉類とされることもあるが、茎が明瞭な節と節間とからなり、茎と葉の維管束には葉隙がないことから、有節類として扱う。

第3部　シダ学入門講座

	小葉	大葉
横断面	①茎の維管束、②葉の維管束、茎、葉	①茎の維管束、②葉の維管束、③葉隙、茎、葉
縦断面	↑先端部、①茎、②葉	↑先端部、①茎、②、③（葉脈分岐）、葉

①：茎の維管束　②：葉の維管束　③：葉隙

シダ植物	小葉類		ヒカゲノカズラ科	1種類の胞子をもつ
			イワヒバ科	雌性胞子、雄性胞子をもつ
			ミズニラ科	雌性胞子、雄性胞子をもつ、水生
	有節類		トクサ科	茎は節部と節間部とからなり、葉・枝・根は節部から輪生する
	大葉類（シダ類[注]）	真嚢シダ類	ハナヤスリ科	葉は胞子葉と栄養葉が立体的につく
			マツバラン科	地下茎・地上茎は二叉分岐、葉は痕跡的
			リュウビンタイ科	葉は平面的、大形種が多い
		薄嚢シダ類	多くの科	ゼンマイ科、コケシノブ科、ウラジロ科、カニクサ科、サンショウモ科、ヘゴ科、イノモトソウ科、オシダ科、メシダ科、ウラボシ科など

[注]「シダ類」は分類学の用語ではないが、俗に「シダ類」というときは、シダらしいシダである大葉類をいうことが多い。

5 雑種

シダ植物は、前葉体に造卵器と造精器をつくり受精する。そのとき近縁種の卵細胞と精子との受精が起こることがあり、**雑種**(ざっしゅ)がつくられる。シダ植物には多くの雑種が知られている。

雑種には、それぞれの親種の形質が混じって現われる。一方の親種の形質が強く現われる場合と、両親種の中間的な形質が現われることがある。雑種では胞子形成のときに減数分裂が正常に行われないので、成熟胞子がない場合や不定形の胞子が生じる場合がある。

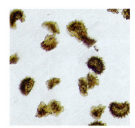

ムサシシケシダ(雑種)の不定形胞子

●雑種と学名

雑種の学名[注1]には次の二通りの表示が用いられる。

①属名と種小名の間に×を記す。種小名は新たに命名する。命名者がわかる。

(例)

チバナライシダ *Arachniodes* ×*chibaensis* Yashiro

→ホソバナライシダ *Arachniodes borealis* とリョウメンシダ *Arachniodes standishii* の雑種。

②両親種の学名を並列し間を×で結ぶ。雑種の親種がわかる。

(例)

オオホソバシケシダ *Deparia conilii* × *Deparia japonica*

→ホソバシケシダ *Deparia conilii* とシケシダ *Deparia japonica* の雑種。

[注1] 生物には世界共通の名称が与えられており、これを学名という。学名は属名＋種小名の構成で表わす。これを二名法という。命名には国際命名規約に定められた一定のルールがあり、これに沿って発表されたものが正規の学名となる。種小名の後には命名者名を記載する。上記のチバナライシダは国際命名規約に沿って論文発表されたものである。「チバナライシダ」という名は標準和名であり、学名とは異なる。一方、学名が予報的に提示されてはいるが、規約に沿った正規の論文発表の済んでいない学名は裸名といい、末尾に"nom. nud."(裸名を意味するラテン語nomen nudum)の略号を添えて示す。裸名は有効な学名とはいえないが、対象の種を検討した研究者(命名者)がわかる。

(例)

ナンゴクベニシダ *Dryopteris austrojaponensis* Kurata, nom. nud.

キヨスミシケシダ *Deparia nakamurae* Yashiro, nom. nud.

●生殖の多様化と雑種

シダ植物の無融合生殖は、減数分裂をせずに胞子を形成して前葉体となり、造卵器・造精器をつくらずに一部の細胞が成長して胞子体になるが、無融合生殖を行うシダ植物の中には、前葉体に造精器を形成し精子を生じる種があることが知られている[注2]。このような種では近縁な有性生殖種と交雑して、雑種をつくることがある。これによって生じた雑種は無融合生殖を行う遺伝的な特徴を維持している場合が多い。

[注2] 造卵器を形成する種も知られているが、機能的な面については研究が進行中である。

前葉体をつくってみよう

前葉体はシダ植物に特有のものであり、観察のポイントとなるが、小さくてコケ類に似ているので野外で見つけるのはむずかしい。

前葉体のくわしい観察には、自分で培養することをおすすめしたい。胞子から前葉体、そして前葉体から胞子体への成長を見ることができる。ここでは胞子嚢をつけた葉を採集しミズゴケを培地とする比較的簡便な方法を紹介しよう。

野外で観察された前葉体

①胞子の採集

採集するのは胞子が成熟し、包膜がはがれて胞子嚢がはみ出てくるころがよい。一般には7～9月ころだが、一般に胞子は寿命が長いので厳密に考えなくてよい。第1部の26～32ページには、胞子成熟後に胞子嚢群が現われた状態の写真を多種にわたって掲載した。

採集した葉は胞子のついた裏側を下にして紙の上に置き、新聞紙などで挟んで軽く重しをする。数日で胞子は紙の上に落ちる。

②培地の準備

ミズゴケは不純物を取り除き、1～2時間水に浸して湿らす。できればここで煮沸するとよい。小形の素焼きの植木鉢に上端から1cmほどまでミズゴケを詰める。湿地を好むシダではしっかりと、やや乾燥を好むシダでは緩めに詰める。

鉢、ミズゴケ、シャーレ

③胞子を播く

①で準備した胞子を綿などにつけ、胞子が密にならないようにミズゴケから離して綿をたたいて落とす。播いた後は湿度を保つためにシャーレなどでふたをする。鉢底皿で水分を調整し、直射日光の当たらない、比較的明るい場所に置く。

④胞子の発芽～前葉体の形成

胞子は1～2週間で発芽する。205ページの写真は、顕微鏡で観察した発芽のようすである。

培養でできたハチジョウシダモドキの前葉体

⑤前葉体の成長

発芽後さらに1～2か月でハート形をした前葉体ができる。径0.5～1cmで肉眼でも観察ができる。

⑥胞子体の成長

眼に見えない受精を経て、シダの本体である胞子体が出てくる。葉が2～4枚になれば移植が可能。移植した鉢は乾燥を避けてビニール袋などでおおう。

第4部

検索

1 科の検索

ここでは各科の形態・生態的特徴から見た科の分類の目安について述べる。例外や本書に未記載の種など、あてはまらないものも多くあることを承知のうえ参考にされたい。

生育環境や形態が特徴的なシダ植物

水生〜湿地性

ミズニラ科(小葉類)	デンジソウ科	サンショウモ科	イノモトソウ科
ミズニラ	デンジソウ	サンショウモ	ミズワラビ属ヒメミズワラビ

小葉類(陸生)

ヒカゲノカズラ科	イワヒバ科
ヒカゲノカズラ	クラマゴケ

地上茎があり、節が明瞭

トクサ科

イヌスギナ

イヌスギナの節

共通柄をもつ部分的二形

ハナヤスリ科

コヒロハハナヤスリ(ハナヤスリ属)　オオハナワラビ(ハナワラビ属)

茎のみ、根・葉がない

マツバラン科

マツバラン

葉はツル状

カニクサ科

カニクサ

葉は二叉分岐状の無限成長

ウラジロ科

コシダ(左)とウラジロ(右)

大形、葉柄基部に肉質の托葉あり

リュウビンタイ科

リュウビンタイ

リュウビンタイの胞子嚢群

葉は羽状の一般的なシダ植物

二形性が明瞭

ゼンマイ科

ヤマドリゼンマイ　　ゼンマイの房状胞子嚢群

キジノオシダ科

キジノオシダ　　ヤマソテツの線形胞子嚢群

シシガシラ科（シシガシラ属）

シシガシラ　　シシガシラの線形胞子嚢群

コウヤワラビ科

クサソテツ　　反転した筒状葉に包まれたクサソテツの胞子嚢群

林床や林縁、類似種が多い①

コバノイシカグマ科

フモトシダ　　フモトシダのコップ状胞子嚢群　　偽包膜の内側についたワラビの胞子嚢群

オシダ科

オニカナワラビ　　テリハヤブソテツの円形の包膜と胞子嚢群　　オクマワラビの円腎形の包膜と胞子嚢群

葉は羽状の一般的なシダ植物

林床や林縁、類似種が多い②

メシダ科

ヒロハイヌワラビ

ホソバシケシダの楕円形胞子嚢群

ヤマイヌワラビの楕円形〜鉤形胞子嚢群

ヘラシダの線形胞子嚢群

ヒメシダ科

ホシダ

ミドリヒメワラビの円形胞子嚢群

ミゾシダの線形胞子嚢群

イノモトソウ科（イワガネゼンマイ属、イノモトソウ属、クジャクシダなど）

イワガネソウ（イワガネゼンマイ属）

イワガネソウの線形胞子嚢群

アマクサシダ（イノモトソウ属）

アマクサシダの偽包膜

第4部　検索

着生、岩上生、崖地生

コケシノブ科

コウヤコケシノブ

ホソバコケシノブの二弁状包膜

ハイホラゴケのコップ状包膜

イワデンダ科

イワデンダ

イワデンダの円形胞子嚢群

チャセンシダ科

トラノオシダ

ホウビシダの線形胞子嚢群

ウラボシ科

ノキシノブ

ヒメノキシノブの円形胞子嚢群

イワオモダカの円形胞子嚢群

ホングウシダ科（ホラシノブ属）

ホラシノブ

卵形包膜におおわれたホラシノブのポケット状胞子嚢群

シシガシラ科（コモチシダ属）

コモチシダ

コモチシダの楕円形胞子嚢群

シノブ科

シノブ

シノブのコップ状胞子嚢群

タマシダ科

タマシダ

タマシダの円腎形包膜と円形胞子嚢群

2 科から属・種への検索表

ここには、本書で取り上げた科から属・種の検索表を掲載した。
検索表は二者択一の文章で示されており、あてはまるものを選んでいけば該当種にたどりつくようになっている。検索表に示される形質は分類群を特徴付ける鍵形質であり、識別の重要なポイントである。図鑑類の多くは検索表が種の解説よりも手前に置かれるが、本書では各種の識別の鍵となる形質を複数の写真によって示し、はじめに視覚によって種を特定できるようにしている。各種の全体像の理解が進んだ後で検索表を使って同定の再確認ができるような構成とした。研鑽と理解の程度によって、写真解説と本検索表を適宜交互に照らして活用いただきたい。なお、科内が1属のみのものや属内が1種のみのものは掲載していない。
検索表の頭文字は属への検索は1. 2. 3.の数字、種への検索はA. B. C. D. E. Fの記号による。

ヒカゲノカズラ科
1. ほふく茎をもつ
 2. 胞子嚢穂は上向きにつく ………………………………………………………… ヒカゲノカズラ属
 2. 胞子嚢穂は下向きにつく ………………………………………………………… ヤチスギラン属
1. ほふく茎をもたない ……………………………………………………………………… コスギラン属

ヒカゲノカズラ属
A. 胞子嚢穂は1.5cm以上で上ないし横向き、地上茎は長くほふくする
 B. 葉は茎に数列並び、同形。茎からやや開出 ……………………………………… ヒカゲノカズラ
 B. 葉は茎に4列に並び、二形。基部が茎に合着 ………………………………………… アスヒカズラ
A. 胞子嚢穂は無柄。地上茎は直立し、上部で密に叉状に分岐して樹木状になる ……マンネンスギ

イワヒバ科
イワヒバ属
A. 根が集まった仮幹をつくり、枝は先端部に放射状に出る ……………………………… イワヒバ
A. 仮幹をつくらず、枝は叢生しない
 B. 茎は地上を長くほふくすることはない
  C. 背葉の辺縁は膜質にならず、先端は鋭尖頭 ……………………………………… カタヒバ
  C. 背葉の辺縁に顕著な膜があり、先端は芒状 …………………………………… イヌカタヒバ
 B. 茎は地上を長くほふくする
  C. 側枝は羽状に分岐することはなく、葉の表面に紺色の光沢もない
   D. 主茎と側茎が明確で、主茎には葉をまばらにつける ………………………… クラマゴケ
   D. 主茎と側茎に葉を密につける。背葉の辺縁は白膜あり ……………………… ヒメクラマゴケ
   D. 主茎と側茎が不明確で、主茎には葉を密につける ………………………… タチクラマゴケ
  C. 側枝は羽状に分岐、葉の表面に紺色の光沢がある ……………………… コンテリクラマゴケ

トクサ科
トクサ属
A. 茎は夏緑性
 B. 胞子嚢穂をつける茎は葉緑体をもたない ……………………………………………… スギナ
 B. 胞子嚢穂をつける茎は緑色。主軸の先端に胞子嚢穂をつける ……………………… イヌスギナ
A. 茎は常緑性
 B. 茎はまれに分岐する。茎は細く径3〜5mm ………………………………………… イヌドクサ
 B. 茎は枝を出さない。茎は太く径3〜17mm ……………………………………………… トクサ

ハナヤスリ科
1. 栄養葉は単葉で網状脈。胞子葉は分岐しない ………………………………………… ハナヤスリ属
1. 栄養葉は1～4回羽状に分岐。胞子葉は1～2回羽状に分岐 ……………………… ハナワラビ属

ハナヤスリ属
A. 栄養葉はほとんど無柄。胞子葉は栄養葉の基部につく
　B. 栄養葉は線形から卵形。胞子の外皮は細かい網目模様があるが、平滑に見える
　　………………………………………………………………………………… ハマハナヤスリ
　B. 栄養葉は広披針形から広卵形。胞子の外皮は粗い網目模様があり、こぶ状突起があるように見える。栄養葉の基部は胞子葉の柄を包む ………… ヒロハハナヤスリ
A. 栄養葉は有柄。栄養葉と胞子葉は柄が合体して担葉体に移行。胞子の外皮は細かい網目模様
　B. 栄養葉の柄は短く1cm前後 ………………………………………………… コヒロハハナヤスリ
　B. 栄養葉の柄は長く1～2.8cm ……………………………………………… トネハナヤスリ

ハナワラビ属
A. 栄養葉は無柄。栄養葉は3～4回羽状に分岐、薄い草質。生育期は春から秋
　B. 栄養葉の下部小羽片は有柄、裂片は小羽軸に流れない。胞子葉は円錐状 … ナツノハナワラビ
　B. 栄養葉の小羽片は無柄、裂片は小羽軸に流れる。胞子葉は穂状 … ナガホノナツノハナワラビ
A. 栄養葉は長い柄をもつ。生育期は秋から春
　B. 栄養葉の頂羽片は鋭尖頭～鋭頭
　　C. 胞子葉は胞子散布後も残る
　　　D. 裂片は鋭鋸歯縁 …………………………………………………………… オオハナワラビ
　　　D. 裂片は鈍鋸歯縁 …………………………………………………………… シチトウハナワラビ
　　C. 胞子葉は胞子散布後まもなく脱落する。冬期に葉の両面は赤色を帯びる ……… アカハナワラビ
　B. 栄養葉の頂羽片は円頭または鋭頭、裂片は全縁または鈍鋸歯。胞子葉は胞子散布後まもなく脱落する ………………………………………………………………………… フユノハナワラビ

ゼンマイ科
1. 成熟した栄養葉または胞子嚢をつけない羽片の裏側や辺縁に綿毛は残らない ……… ゼンマイ属
1. 成熟した栄養葉の裏側や辺縁に綿毛が残る ………………………………… ヤマドリゼンマイ属

ゼンマイ属
A. 葉は二形。葉身は幅広く、側羽片は7対前後
　B. 小羽片は長楕円形、基部は切形。左右同形ではない ………………………………… ゼンマイ
　B. 小羽片は狭披針形、基部は鋭形で左右同形。渓流沿いに生育 ……………………… ヤシャゼンマイ
A. 葉は部分二形。葉身は幅狭く、側羽片は約20対以上 ……………………………… オニゼンマイ

コケシノブ科
1. 根茎は針金状で細く、ほとんど無毛か明るい色の毛でおおわれる。胞子嚢群の包膜は二弁状
　………………………………………………………………………………………… コケシノブ属
1. 根茎は黒～茶褐色の毛で密におおわれる。胞子嚢群の包膜は基部がコップ状
　2. 根が発達しない。包膜は先端部が二弁状になる場合がある …………… アオホラゴケ属
　2. 根が発達する ……………………………………………………………… ハイホラゴケ属

コケシノブ属
A. 葉縁に不規則な鋸歯がある ……………………………………………………… コウヤコケシノブ
A. 葉縁は全縁
　B. 葉の裏側の軸上に淡褐色で宿存性の毛がつく ……………………………… キヨスミコケシノブ
　B. 葉身は顕微鏡的な毛を除いて無毛。葉柄や羽軸に毛がある場合も毛は早落性

```
  C. 裂片は軸に対して30～45度の角度でつく ·················································· コケシノブ
  C. 裂片は軸に対して40～75度の角度でつく
    D. 葉は小形で裂片は幅広く、やや重なり、胞子嚢群は葉の先端部にかたまってつく
       ································································································· ヒメコケシノブ
    D. 葉はやや大きく裂片は幅狭く、ほとんど重なり合わない ··············· ホソバコケシノブ
```
アオホラゴケ属
```
  A. 葉身は2回～3回羽状複葉 ············································································ アオホラゴケ
  A. 葉身は単葉でうちわ形 ·················································································· ウチワゴケ
```

ウラジロ科
```
1. 根茎と葉に毛と鱗片をもつ ············································································· ウラジロ属
1. 根茎と葉に毛と鱗片をもたない ········································································· コシダ属
```

サンショウモ科
```
1. 茎は伸びて所どころで分岐し根はない。葉の2列は対生し水面に浮く ········· サンショウモ属
1. 茎は水面を伸びて分岐し葉と根をつける。葉は水面に瓦状に集まる ············· アカウキクサ属
```

キジノオシダ科
キジノオシダ属
```
  A. 栄養葉は革質、常緑性。頂羽片が明瞭で、羽片先端部の鋸歯は目立たない
    B. 栄養葉の下部の側羽片は無柄または短い柄がつく ···································· キジノオシダ
    B. 栄養葉の下部の側羽片は柄が明瞭 ························································· オオキジノオ
  A. 栄養葉は紙質～草質、夏緑性。頂羽片はなく、羽片先端の鋸歯が目立つ ············· ヤマソテツ
```

ホングウシダ科
ホラシノブ属
```
  A. 葉はやや硬い草質。胞子嚢群は1～3個の脈端を連ねて伸びる ························ ホラシノブ
  A. 葉は革質で多肉。胞子嚢群は1～2個の脈端を連ねて伸びる ······················· ハマホラシノブ
```

コバノイシカグマ科
```
1. 胞子嚢群は葉の辺縁が反転した偽包膜または歯牙におおわれることはない
  2. 包膜はない ······································································ オオフジシダ属(本書では扱わない)
  2. 包膜がある
    3. 包膜は葉縁と癒合してコップ状の構造になる ································· コバノイシカグマ属
    3. 包膜は基部と側面で葉身と癒合してポケット状の構造となる ····················· フモトシダ属
1. 胞子嚢群は葉の辺縁が反転した偽包膜または歯牙におおわれる
  2. 葉脈は規則的な網目をつくる ············································· ユノミネシダ属(本書では扱わない)
  2. 葉脈は遊離するか、ごく一部で不規則な網目をつくる
    3. 葉縁の偽包膜(歯牙)は幅が狭く、単一の脈端につく ······························· イワヒメワラビ属
    3. 葉縁の偽包膜は幅が広く、複数の脈端を連ねる ·············································· ワラビ属
```
コバノイシカグマ属
```
  A. 葉身は三角状楕円形。幅は15cm以上 ·················································· コバノイシカグマ
  A. 葉身は披針形～卵状披針形。幅は10cm以下
    B. 葉には長い毛がある ······················································································ イヌシダ
    B. 葉には小さな毛はまばらにあるが、長い毛はない ······································· オウレンシダ
```

フモトシダ属
A. 葉は単羽状。羽片は波状縁から羽状に浅裂〜深裂 ……………………………… フモトシダ
A. 葉は2回〜3回羽状複葉
  B. 羽片は細長く先は尾状にならない。葉軸裏側に斜上毛が密生する。胞子嚢群は辺縁より少し離れたところにつき、包膜は毛が散生する。2回羽状複葉 ……………………… フモトカグマ
  B. 羽片は細長く先は尾状になる。葉軸裏側に屈毛が低く密生する。胞子嚢群はほぼ辺縁につき、包膜はほぼ無毛。2回〜3回羽状複葉 ……………………………………………… イシカグマ

イノモトソウ科
1. 地上生。多年生シダ
  2. 胞子嚢群は包膜や偽包膜でおおわれることがない ………………………… イワガネゼンマイ属
  2. 胞子嚢群に偽包膜がある
    3. 胞子嚢群は葉縁が反転した偽包膜に包まれ、辺縁に沿って長くつく ………… イノモトソウ属
    3. 偽包膜は長くならない
      4. 葉柄は光沢のある赤褐色〜黒褐色。裂片は扇形、倒卵形、半月状などで狭くならない。胞子嚢群は反転した葉縁の内側につく ……………………………………………… ホウライシダ属
      4. 葉柄は淡褐色〜緑色。裂片は細長い ……………………………………… タチシノブ属
1. 水生、湿地生。1年生シダ ……………………………………………………………… ミズワラビ属

イワガネゼンマイ属
A. 葉脈は遊離。脈の先端は鋸歯の中まで入るか、鋸歯の底に達する ………… イワガネゼンマイ
A. 葉脈は側脈が結合して網目状になる。脈の先端は鋸歯の底に達しない ………… イワガネソウ

イノモトソウ属
A. 頂羽片は単葉状
  B. 葉は二形。羽片の幅は1cm以下、上部から中部の側羽片の基部は葉軸に沿って流れ翼となる。葉脈はすべて辺縁に達しない ………………………………………………… イノモトソウ
  B. 羽片の幅は1cm以上。葉軸には翼がない
    C. 葉は二形。側羽片は3〜7対で、直線状に斜上する。葉脈はすべて辺縁に達する ……………………………………………………………………………………… オオバノイノモトソウ
    C. 葉はやや二形。側羽片は1〜3対で鎌状に斜上する。葉脈は辺縁に達しないものが混ざる ……………………………………………………………………………………… マツザカシダ
A. 頂羽片は切れ込む
  B. 葉身は五角形で鳥足状（大形） …………………………………………………… ナチシダ
  B. 葉身は2回羽状複葉
    C. 羽軸と小羽軸の交点には突起はない。栄養葉の葉脈は辺縁に達する ………… アマクサシダ
    C. 羽軸と小羽軸の交点には突起がある。栄養葉の葉脈は辺縁に達しない
      D. 頂羽片の先端は尾状に伸びない ………………………………… オオバノハチジョウシダ
      D. 頂羽片の先端は尾状に伸びる ………………………………… オオバノアマクサシダ

ホウライシダ属
A. 葉身は長三角形で2回〜3回羽状複葉
  B. 小葉は扇形から円形。葉質はやや軟らかい。葉は黄緑色 ………………… ホウライシダ
  B. 小葉は倒三角状卵形。葉質は硬い。葉はやや濃い緑色 ………………………… ハコネシダ
A. 葉身は鳥足状（孔雀の尾羽を広げた形） ……………………………………………… クジャクシダ

チャセンシダ科
1. 根茎に背腹性はなく、直立またはほふく。葉の切れ込みは様々 ……………… チャセンシダ属

1. 根茎に背腹性がありほふくする。1回羽状複葉のものが多く、まれに単葉 ………… ホウビシダ属

チャセンシダ属
A. 葉は単葉でほぼ全縁
  B. 葉脈はまばらに結合して網目をつくるか、平行脈の先端が葉縁に沿って走る脈で連結される。葉の先はつる状に伸び、先端に芽をつける ………………………………… クモノスシダ
  B. 葉脈はすべて遊離 ……………………………………………………………………… コタニワタリ
A. 葉は1回～数回羽状複葉
  B. 葉は1回羽状複葉
    C. 羽片は長さが幅の4倍以上ある。葉軸に芽はできない ……………………………… クルマシダ
    C. 羽片は長さが幅の3倍を越えることがない。葉軸のどこかに無性芽が出る
      D. 羽片は長楕円形。基部前側に耳片は発達しない。葉柄および葉軸に膜状の翼がある
………………………………………………………………………………………… イヌチャセンシダ
      D. 羽片は三角状長楕円形。基部前側にやや耳片が発達する …………………… ヌリトラノオ
  B. 葉は2回～数回羽状複葉
    C. 羽軸の向軸側（表側）には溝がなく、中心部が丸く盛り上がる
      D. 胞子嚢群は終裂片に1個ずつつく ……………………………………………… コウザキシダ
        E. 鱗片に毛がない ………………………………………………………… コバノヒノキシダ
        E. 鱗片に毛がある ………………………………………………………… トキワトラノオ
    C. 羽軸の向軸側には溝がある
      D. 葉柄は緑色。胞子嚢群をつける葉とつけない葉に差はない ………………… イワトラノオ
      D. 葉柄は紫褐色を帯び、葉はやや二形。胞子嚢群をつける葉は直立して高く、つけない葉は低く、広がってつく ………………………………………………………………… トラノオシダ

ヒメシダ科
1. 葉身は3回羽状複葉か、それ以上に細かく切れ込む。葉軸の表側に溝がない …… ヒメワラビ属
1. 葉身は2回羽状中裂～3回羽状深裂
  2. 葉軸の表側に溝がない。上下の羽片の間に翼がある ………………………… ミヤマワラビ属
  2. 葉軸の表側に溝がある。上下の羽片の間に翼はない ………………………………… ヒメシダ属

ヒメワラビ属
A. 小羽片の基部はほぼ切形、左右対称で短い柄をもつ ……………………………… ミドリヒメワラビ
A. 小羽片の基部は広いくさび形、非対称で、ほとんど無柄 ………………………………… ヒメワラビ

ミヤマワラビ属
A. 葉身は披針形、下部羽片の幅は狭くなる ……………………………………………… ゲジゲジシダ
A. 葉身は三角形～三角状卵形、下部羽片が最も幅広い ………………………………… ミヤマワラビ

ヒメシダ属
A. 包膜を欠く ……………………………………………………………………………………… ミゾシダ
A. 包膜をもつ
  B. 葉脈の先端は葉縁に達しない ………………………………………………………… ヤワラシダ
  B. 葉脈の先端は葉縁に達する
    C. 葉脈はすべて遊離する
      D. 小脈は単生
        E. 下部の羽片は短くならないか、ごくわずか短くなる
          F. 包膜は馬蹄形で、やや小さい
            G. 羽片の最下前側の裂片は他の裂片と離れず、形や大きさも変わらない ………… ハシゴシダ
            G. 羽片の最下前側の裂片は独立し、柄があり、他の裂片より大きい ………… コハシゴシダ

F. 包膜は円腎形で大きい
       G. 葉柄は黒褐色で光沢あり ……………………………………………………… ハリガネワラビ
       G. 葉柄は黄緑色で光沢なし ………………………………………………… イワハリガネワラビ
      E. 下部羽片は短くなり、突起状になる ……………………………………………… ニッコウシダ
    D. 小脈は分岐する
      E. 根茎は横に長くはう。葉の裏側に腺毛なし …………………………………………… ヒメシダ
      E. 根茎は短く斜上。葉柄・葉軸に鱗片が密生、葉の裏側に腺毛あり ……………… オオバショリマ
   C. 葉脈の一部で網状脈をつくる
    D. 頂羽片は顕著。葉身は無毛 ……………………………………………………………… ホシダ
    D. 頂羽片は不明瞭。葉身の裏側は有毛 ………………………………………………… イヌケホシダ

イワデンダ科
イワデンダ属
A. 葉柄のどこかに関節がある。葉の裏側は白くならない。包膜は皿形かコップ状で縁毛がある
 B. 葉軸や羽軸に毛はあるが、鱗片はない。羽片は左右対称で、基部に耳片はない …… コガネシダ
 B. 葉軸や羽軸に毛と鱗片がある。羽片は左右対称ではなく、基部前側に明瞭な耳片がある
    …………………………………………………………………………………………… イワデンダ
A. 葉柄に関節はない。葉の裏側は帯白色。包膜は球形の嚢状で縁毛はない …………… フクロシダ

コウヤワラビ科
コウヤワラビ属
A. 栄養葉の下部羽片は短くならない。葉柄の表側に溝はない
 B. 葉脈は網状脈 …………………………………………………………………………… コウヤワラビ
 B. 葉脈は遊離脈 …………………………………………………………………………… イヌガンソク
A. 栄養葉の下部羽片は著しく小さくなる。葉柄の表側に溝がある ……………………… クサソテツ

シシガシラ科
1. 葉脈は遊離 ………………………………………………………………………………… シシガシラ属
1. 葉脈は網状 ………………………………………………………………………………… コモチシダ属
シシガシラ属
A. 根茎は短く直立し塊状。栄養葉の羽軸は表側に溝があり、裏側に隆起する ………… シシガシラ
A. 根茎は短くほふくする。栄養葉の羽軸は表側でも不明瞭 ……………………………… オサシダ
コモチシダ属
A. 葉は若いときは黄緑色。小羽片は披針形で先端は鋭頭 ………………………………… コモチシダ
A. 葉は若いときは淡赤色を帯びる。小羽片は狭披針形〜線形で、先端は細くとがって尾状になる。
   葉脈の網目は細かい ………………………………………………………………… ハチジョウカグマ

メシダ科
1. 羽軸の溝は葉軸の溝と連続しない …………………………………………………………… シケシダ属
1. 羽軸の溝は葉軸の溝と連続する
 2. 羽軸の溝はV字形。胞子嚢群は馬蹄形または鉤形
  3. 根茎は長くはう。葉はやや二形 ……………………………………………… ウラボシノコギリシダ属
  3. 根茎は直立か斜上、または短くはう。葉は同形かやや二形 ………………………… メシダ属
 2. 羽軸の溝はU字形、胞子嚢群は線形 ……………………………………………… ノコギリシダ属

シケシダ属
A. 葉は単葉 ……………………………………………………………………………………………………… ヘラシダ
A. 葉は1回羽状複葉
 B. 胞子嚢群は細長い
  C. 根茎は直立して葉を叢生、下部羽片は短縮する
   D. 葉柄の鱗片は密生 …………………………………………………………………………… ハクモウイノデ
   D. 葉柄の鱗片はまばら
    E. 葉柄は太い ……………………………………………………………………… ウスゲミヤマシケシダ
    E. 葉柄は細い ……………………………………………………………………………… ミヤマシケシダ
  C. 根茎ははう。下部羽片はあまり短くならない
   D. 葉の裏側の葉肉に毛がある
    E. 葉柄と葉軸の鱗片や毛はまばら ……………………………………………………… セイタカシケシダ
    E. 葉柄と葉軸に鱗片や毛が密生 …………………………………………………………… ムクゲシケシダ
   D. 葉の裏側の葉肉に毛がない
    E. 葉は二形性を示す
     F. 最下羽片は上の羽片より短いかやや長い、包膜の縁は鋸歯状 ……………………… ホソバシケシダ
     F. 最下羽片は上の羽片より著しく長い、包膜の縁は内曲する
      G. 裂片の切れ込みは深くない ……………………………………………………… フモトシケシダ
      G. 裂片の切れ込みは深く隙間は広い ……………………………………………… コヒロハシケシダ
    E. 葉は二形性を示さない
     F. 夏緑性、包膜の縁は内曲する ………………………………………………………………… シケシダ
     F. 常緑性、包膜の縁は歯牙状に細かく裂ける
      G. 羽片は葉軸に広い角度でつく。最下羽片は中〜深裂
       H. 葉身は三角状卵形〜広披針形、長さ15cm以上 ……………………………… ナチシケシダ
       H. 葉身は披針形、長さ15cm以下 ………………………………………………… コシケシダ
      G. 羽片は葉軸に狭い角度で斜上してつく。最下羽片は浅〜中裂 ………………… ヒメシケシダ
 B. 胞子嚢群は短く馬蹄形
  C. 小羽片の裂片はほぼ全縁、小脈は単条、羽軸の翼は広い ……………………………………… オオヒメワラビ
  C. 小羽片の裂片は鋸歯縁、小脈は二岐が混在、羽軸の翼は狭い ………………………………… ミドリワラビ

ウラボシノコギリシダ属
A. 夏緑性で葉は薄く、葉身は2回羽状複葉〜3回羽状深裂 ……………………………………………… イヌワラビ
A. 常緑性で葉はやや厚く、葉身は1回羽状複葉〜2回羽状深裂 ……………………… ウラボシノコギリシダ

メシダ属
A. 包膜がある
 B. 包膜の縁は毛状に裂ける
  C. 下部羽片は短くなる ……………………………………………………………………………………… ミヤマメシダ
  C. 下部羽片は縮小しない …………………………………………………………………………………… サトメシダ
 B. 包膜の縁は毛状に裂けない
  C. 小羽片の中肋上面に明瞭な軟刺毛がある ………………………………………………………… ホソバイヌワラビ
  C. 小羽片の中肋上面に軟刺毛はないかほとんど目立たない
   D. 羽片の柄が4mmまたはそれ以上の長さがある
    E. 羽軸裏側は無毛または細毛があってもまばらで目立たない
     F. 葉柄基部の鱗片は濃褐色の縞がない ……………………………………………………… ヤマイヌワラビ
     F. 葉柄基部の鱗片は濃褐色の縞が入る ………………………………………………… カラクサイヌワラビ
    E. 羽軸裏側は細毛が密生する ………………………………………………………………… ヒロハイヌワラビ

D. 羽片は無柄または柄が2mm以下で短い
　　　E. 胞子嚢群は中間生から辺縁寄り ······························· ヘビノネゴザ
　　　E. 胞子嚢群の下端は中肋に接する ······························· タニイヌワラビ
 A. 包膜はない
　B. 胞子嚢群は線形～長楕円形
　　C. 葉身は2回羽状中裂～2回羽状複葉
　　　D. 葉軸や羽軸に毛はない ····································· シケチシダ
　　　D. 葉軸や羽軸に毛がある ····································· タカオシケチシダ
　　C. 葉身は3回羽状浅裂～中裂 ····································· ハコネシケチシダ
　B. 胞子嚢群は円形～楕円形 ··· イッポンワラビ

ノコギリシダ属
 A. 葉身は1回羽状複葉
　B. 羽片は浅裂し、羽片の基部には内側に耳片がある ··················· ノコギリシダ
　B. 羽片は中裂し、羽片の基部には耳片がない ························· ミヤマノコギリシダ
 A. 葉身は2回羽状深裂～3回羽状複葉
　B. 葉柄と根茎は細く、径5mm以下
　　C. 葉柄と葉軸、羽軸は淡緑色から緑色で、褐色～黒褐色の鱗片がある
　　　D. 根茎は長く横走し、葉は間隔をあけてつく ····················· ミヤマシダ
　　　D. 根茎は短くはい、葉は混み合ってつく ························· キヨタキシダ
　　C. 葉柄と葉軸、羽軸は赤褐色で光沢がある。葉柄の基部に透明な鱗片がある ······· ヌリワラビ
　B. 葉柄と根茎は太く、径8mm以上
　　C. 葉柄の基部には辺縁に黒色の鱗片が密に宿存する ··················· コクモウクジャク
　　C. 葉柄の基部の鱗片は早落性でほとんど残らない
　　　D. 葉身は3回羽状浅裂～中裂。葉は厚い草質、葉柄基部に淡褐色～褐色の鱗片がまばらにつく
　　　　 ·· シロヤマシダ
　　　D. 葉身は3回羽状深裂～4回羽状浅裂。葉は草質、葉柄基部に褐色～黒褐色の鱗片がまばらにつく
　　　　E. 胞子嚢群は裂片の辺縁と中肋の中間生。葉柄の鱗片は全縁、包膜は狭長楕円形
　　　　 ·· ヒカゲワラビ
　　　　E. 胞子嚢群は裂片の中肋寄りにつく。葉柄の鱗片は突起がある。包膜は線形
　　　　 ·· オニヒカゲワラビ

オシダ科
1. 包膜は円腎形でくぼみの底の1点でつく
　2. 葉柄の鱗片は格子状(細かい網目が明瞭) ··························· カツモウイノデ属
　2. 葉柄の鱗片は格子状にはならない
　　3. 小羽片、葉脈は外先(最下後ろ側)の分岐をする ······················ オシダ属
　　3. 小羽片、葉脈は内先(最下前側)の分岐をする ························ カナワラビ属
1. 包膜は円形で、楯状につく
　2. 葉身の脈は遊離するか、網目状。頂羽片は不明瞭 ····················· イノデ属
　2. 葉身の脈は著しい網目状 ··· ヤブソテツ属

オシダ属
 A. 葉身の軸の表側は隆起する。有節の多細胞毛がある ··················· キヨスミヒメワラビ
 A. 葉身の軸の表側はくぼむ。有節の多細胞毛はない
　B. 葉身の軸に袋状鱗片や基部が特に幅広い鱗片はない
　　C. 側羽片とよく似た形の頂羽片がある ··························· ナガサキシダ

C. 側羽片は上方に向かってしだいに小さくなり、側羽片と同形の頂羽片はない
　　D. 側羽片は下方に行くほど小さくなり、葉身の下部は著しく幅が狭い ………………………… タニヘゴ
　　D. 葉身の下方はやや幅狭くなることがあっても極端に狭くはならない
　　　E. 葉身は1回羽状、羽片は浅裂〜深裂、最下羽片の下側小羽片は切れ込まない
　　　　F. 胞子嚢群は葉身の先端部につき、胞子嚢のついた羽片は縮小する ……………… クマワラビ
　　　　F. 胞子嚢のついた羽片が特に縮小することはない
　　　　　G. 葉柄の鱗片の辺縁には明らかに突起がある
　　　　　　H. 羽片は深裂 ……………………………………………………………………… オクマワラビ
　　　　　　H. 羽片は三角状に中〜深裂 ……………………………………………………… ワカナシダ
　　　　　　H. 羽片は鋸歯状に浅裂
　　　　　　　I. 羽片は20対以上で下部羽片は短くなる。包膜はよく発達して胞子嚢群と同大
　　　　　　　　 ……………………………………………………………………………………… イワヘゴ
　　　　　　　I. 羽片は20対以下で下部羽片はやや短くなる程度 ……………………… ツクシイワヘゴ
　　　　　G. 葉柄の鱗片の辺縁には突起がないか、あってもごく少ない
　　　　　　H. 胞子嚢群は葉身の下部までつく
　　　　　　　I. 胞子嚢群は羽片の辺縁寄りにつく …………………………………………… オオクジャクシダ
　　　　　　　I. 胞子嚢群は羽片に散在〜やや辺縁寄りにつく …………………………… キヨズミオオクジャク
　　　　　　H. 胞子嚢群は葉身の上部1/3〜1/2ほどにつく
　　　　　　　I. 根茎は直立〜斜上。葉柄の鱗片は褐色〜黒褐色
　　　　　　　　J. 裂片の脈は単条。鱗片は黒褐色 ……………………………………… ミヤマクマワラビ
　　　　　　　　J. 裂片の脈は二叉する。鱗片は褐色 …………………………………………… オシダ
　　　　　　　I. 根茎は短くほふく。葉柄の鱗片は中央が濃褐色で縁が淡色 ………… ミヤマベニシダ
　　　E. 葉身は3回羽状深裂〜3回羽状複葉、最下羽片基部の第1小羽片は第2小羽片より長くかつ深裂
　　　　F. 最終裂片の鋸歯の先端は芒状に伸びる ………………………………………… シラネワラビ
　　　　F. 最終裂片の鋸歯の先端は芒状に伸びない
　　　　　G. 最下羽片の柄は短い
　　　　　　H. 葉柄や葉軸の鱗片は卵形でやや大形、光沢のある褐色で密生 ………… ミヤマイタチシダ
　　　　　　H. 葉柄や葉軸の鱗片は小形でまばら
　　　　　　　I. 葉長25〜35cm、夏緑性。葉柄鱗片は黒褐色 ……………………………… ミサキカグマ
　　　　　　　I. 葉長60〜80cm、常緑性。葉柄鱗片は淡褐色 ……………………………… ナガバノイタチシダ
　　　　　G. 最下羽片の柄は長い …………………………………………………………… サクライカグマ
　B. 葉身の軸に袋状の鱗片や基部が特に幅広い鱗片がつく
　　C. 最下羽片の下側基部の第1小羽片は第2小羽片より長い
　　　D. 葉柄や葉軸の鱗片は軸に直角か多少下向き〜開出してつく
　　　　E. 葉柄基部の鱗片は長さ8mm以下。葉身は長さ30cm未満、幅15cm未満 …… イワイタチシダ
　　　　E. 葉柄基部の鱗片は長さ12mm以上。葉身は長さ30cm以上、幅15cm以上
　　　　　 …………………………………………………………………………………… イヌイワイタチシダ
　　　D. 葉柄や葉軸の鱗片は軸に斜上してつく
　　　　E. 葉は厚く革質。葉柄基部の鱗片は褐色〜赤褐色 ……………………………… ナンカイイタチシダ
　　　　E. 葉は紙質〜革質。葉柄基部の鱗片は黒褐色〜黒色
　　　　　F. 鱗片は黒褐色
　　　　　　G. 小羽片の先にはっきりとした鋸歯がある。上下の羽片は平面上で一部が重なる
　　　　　　　 ……………………………………………………………………………………… オオイタチシダ
　　　　　　G. 小羽片の先は全縁か波状の鈍い凹凸がある。上下の羽片は平面上で重ならない
　　　　　　　 ……………………………………………………………………………………… ヤマイタチシダ

     F. 鱗片はやや硬く光沢のある黒色で辺縁に淡色の縁取りがある
      G. 葉身は五角形〜卵形。羽片は平面上で重なる部分が多い ·············· ヒメイタチシダ
      G. 葉身は三角状卵形で質は薄い。羽片は平面上ではほとんど重ならない
         ··· リョウトウイタチシダ
  C. 最下羽片の下側基部の第1小羽片または裂片は、第2小羽片または第2裂片より短い
   D. 葉柄につく広披針形の鱗片の基部辺縁に鋸歯状突起がある
    E. 葉質は厚く濃緑色で光沢が強い。葉柄や葉軸に赤褐色の鱗片が密生 ······ サイゴクベニシダ
    E. 葉質は薄く暗緑色で光沢は弱い。葉柄や葉軸に汚緑色鱗片が多い ················ ギフベニシダ
   D. 葉柄につく披針形の鱗片の辺縁はほぼ全縁かわずかに細かい突起がある
    E. 包膜は灰白色〜白色
     F. 胞子嚢群は中肋に接するほど内寄りにつく
      G. 葉柄基部の鱗片は褐色〜黒褐色 ·· ミドリベニシダ
      G. 葉柄基部に赤褐色の鱗片が開出してつく。小羽片は全縁〜小さな鋸歯縁
         ··· マルバベニシダ
      G. 葉柄基部には広披針形で汚褐色の鱗片がやや開出してつく。小羽片は中〜深裂
         ··· エンシュウベニシダ
     F. 胞子嚢群は中間〜少し内寄りにつく
      G. 葉身の先端は急尖する。下方羽片の柄は長さ1〜2mmまたは無柄。鱗片は黒褐色
         ··· トウゴクシダ
      G. 葉身の先端はしだいに細くなる。下方羽片の柄は長さ5〜10mm。鱗片は褐色
         ··· オオベニシダ
    E. 包膜は紅色
     F. 羽片はやや斜上してつく
      G. 上方羽片はしだいに短縮。最下羽片の下向き第1小羽片は浅裂。胞子嚢の胞子数は32個
         ··· ベニシダ
      G. 上方羽片は急に短縮。最下羽片の下向き第1小羽片は中〜深裂。胞子嚢中の胞子数は64個
         ··· ハチジョウベニシダ
     F. 羽片は葉軸にほぼ直角につく
      G. 羽片は幅3cm以上。最下小羽片は深裂。胞子嚢群はやや辺縁寄り ······· キノクニベニシダ
      G. 羽片は幅3cm未満。最下小羽片は切れ込まない。胞子嚢群は中肋寄り
         ··· ナンゴクベニシダ

カナワラビ属
A. 裂片の辺縁の鋸歯は鋭く先は刺状
 B. 葉身は2回羽状複葉
  C. 胞子嚢群は小羽片の辺縁寄り ·· オオカナワラビ
  C. 胞子嚢群は小羽片の中肋と辺縁の中間生
   D. 葉身の先は頂羽片状になる ··· ハカタシダ
   D. 葉身の先は頂羽片状にならない ·· オニカナワラビ
 B. 葉身は3回〜4回羽状複葉
  C. 根茎は短く、葉身の先は頂羽片状にならない ······································ コバノカナワラビ
  C. 根茎は長くはい、葉身の先は頂片状になる ··· ホソバカナワラビ
A. 裂片の辺縁の鋸歯は、先が刺状にならない
 B. 葉は紙質から硬い紙質
  C. 葉は紙質。鱗片は葉柄基部には密につくが他はまばら ··························· リョウメンシダ
  C. 葉は硬い紙質。鱗片は葉柄、葉軸、羽軸に密につく ······························ シノブカグマ

B. 葉は薄い草質
　　C. 葉柄の鱗片は密につく。葉柄や葉軸は紫褐色を帯びない ················· ホソバナライシダ
　　C. 葉柄の鱗片はまばらにつく。葉柄や葉軸は紫褐色を帯び、光沢がある ··· ナンゴクナライシダ
イノデ属
A. 葉軸の先に無性芽をつくる。葉身は1回羽状複葉
　B. 胞子嚢群は小脈の背に生じる ·· オリヅルシダ
　B. 胞子嚢群は小脈の頂に生じる ·· ツルデンダ
A. 葉軸の先は伸長しない
　B. 葉は十字状に三岐。1回羽状複葉 ·· ジュウモンジシダ
　B. 葉は2回羽状深裂〜3回羽状複葉
　　C. 葉質は硬い。鋸歯の先は硬い針状（無融合生殖種）
　　　D. 葉軸鱗片は披針形、幅1.5mmほど ·· オニイノデ
　　　D. 葉軸の鱗片は毛状または線状披針形、幅1mm以下
　　　　E. 葉質は薄い。葉軸の鱗片は毛状。胞子嚢群は葉身の下方からつく ············ ヒメカナワラビ
　　　　E. 葉質は厚い。葉軸の鱗片は線状披針形。胞子嚢群は葉身の上方からつく
　　　　　·· オオキヨズミシダ
　　C. 葉質は軟らかい。鋸歯の先の刺は軟らかい（有性生殖種）
　　　D. 下部の羽片は著しく短縮することはない
　　　　E. 葉軸の鱗片は糸状〜披針形、卵形の鱗片はない。胞子嚢群は中間生〜辺縁寄り
　　　　　F. 胞子嚢群は耳垂に優先的につく。葉柄基部の鱗片の中央は黒褐色。葉面の光沢なし
　　　　　　··· サイゴクイノデ
　　　　　F. 胞子嚢群は耳垂に優先的につかない。葉柄基部の鱗片は褐色、葉面は光沢あり
　　　　　　G. 葉柄の鱗片には褐色の鱗片のほかに黒色〜黒褐色のものが混在する
　　　　　　　H. 葉柄基部に硬い黒色〜黒褐色の鱗片が混在。胞子嚢群は中間生 ············ カタイノデ
　　　　　　　H. 葉柄基部に中央が黒褐色の鱗片が混在。胞子嚢群は辺縁寄り ············ アイアスカイノデ
　　　　　　　H. 葉柄基部〜葉軸下部に中央が黒褐色の鱗片が混在する
　　　　　　　　I. 胞子嚢群は中間〜辺縁寄り。小羽片の先端は長い芒状 ··················· シムライノデ
　　　　　　　　I. 胞子嚢群は辺縁寄り。小羽片の先端は顕著に長くはない ··················· ネッコイノデ
　　　　　　G. 葉柄の鱗片に黒色系の鱗片はない
　　　　　　　H. 鱗片の辺縁は著しく細裂
　　　　　　　　I. 胞子嚢群は辺縁寄り、耳片の基部に優先的につく。鱗片はねじれない ······ イノデモドキ
　　　　　　　　I. 胞子嚢群は著しく辺縁寄り。鱗片は密生してねじれる ····················· チャボイノデ
　　　　　　　H. 鱗片の辺縁は不規則な歯牙状突起がある。胞子嚢群は中間生 ················· イノデ
　　　　　　　H. 鱗片の辺縁は少し歯牙状突起があるか、またはほぼ全縁。葉柄の鱗片はねじれる
　　　　　　　　·· アスカイノデ
　　　　E. 葉軸の鱗片は楕円形〜卵形が混在、胞子嚢群は中間生。葉面は光沢なし
　　　　　F. 葉軸の鱗片は広卵形で先は急にくびれる
　　　　　　G. 葉軸の鱗片は圧着して下向きにつく ·· サカゲイノデ
　　　　　　G. 葉軸の鱗片は上向きにつく ·· ツヤナシイノデ
　　　　　F. 葉軸の鱗片は長楕円形で先は鋭尖形 ··· イワシロイノデ
　　　D. 下部の羽片は著しく短縮する ··· ホソイノデ
ヤブソテツ属
A. 羽片の先端部に細鋸歯がない
　B. 羽片は5対以下 ·· ヒメオニヤブソテツ

B. 羽片は8対以上
  C. 羽片は基部付近が最も幅広い ……………………………………………… オニヤブソテツ
  C. 羽片の幅は平行部分がある ………………………………………………… ナガバヤブソテツ
 A. 羽片の先端部に細鋸歯がある
  B. 包膜の縁は突起状の細鋸歯がある ………………………………………… メヤブソテツ
  B. 包膜の縁は全縁か不規則な浅い鋸歯がある
   C. 羽片は13対以上
    D. 羽片に耳片がない
     E. 羽片は下部付近が最も幅広い。包膜は灰白色 ……………………… テリハヤブソテツ
     E. 羽片の幅は平行部分がある。包膜の中心部は黒褐色 ……………… イズヤブソテツ
    D. 羽片に耳片がある。葉面は光沢がない …………………………………… ヤブソテツa型
   C. 羽片は11対以下
    D. 羽片に耳片がない
     E. 羽片の基部は円形。頂羽片は下部側羽片と同じ大きさ …………… ヒロハヤブソテツ
     E. 羽片の基部はくさび形。頂羽片は上部側羽片と同じ大きさ ……… ツクシヤブソテツ
    D. 羽片に耳片がある
     E. 包膜の中心部は黒褐色 …………………………………………………… ミヤコヤブソテツ
     E. 包膜は灰白色 ……………………………………………………………… ヤブソテツb型

ウラボシ科

1. 葉脈は完全に遊離
 2. 胞子嚢群は円形 ……………………………………………… エゾデンダ属(オシャグジデンダ)
 2. 胞子嚢群は長楕円形で、脈に沿って分岐することがある …… カラクサシダ属(カラクサシダ)
1. 葉脈は多少なりとも網状
 2. 若い胞子嚢群は鱗片におおわれる
  3. 胞子葉と栄養葉は多少とも二形になる ……………………………………… マメヅタ属(マメヅタ)
  3. 胞子葉と栄養葉は同形
   4. 胞子嚢群は中肋の両側に各1列に並ぶ。根茎の鱗片の付着部背面は無毛 ……… ノキシノブ属
   4. 胞子嚢群は葉身の下部では中肋の両側に普通2列以上並ぶ。根茎の鱗片の付着部背面は有毛
    …………………………………………………………………………… クリハラン属(クリハラン)
 2. 若い胞子嚢群が鱗片におおわれることはない
  3. 葉身には星状毛を生じる ……………………………………………………………… ヒトツバ属
  3. 葉身に星状毛はない
   4. 胞子嚢群は線形
    5. 葉身は切れ込まない単葉 ……………………………………………………… サジラン属
    5. 葉身は1回羽状複葉 ……………………… オキノクリハラン属(イワヒトデ、オオイワヒトデ等)
   4. 胞子嚢群は円形～楕円形
    5. 葉の辺縁の主側脈間に欠刻またはくぼみがある ……………………… ミツデウラボシ属
    5. 葉は全縁 …………………………………………… ヤノネシダ属(ヌカボシクリハラン)

ノキシノブ属

A. 根茎の鱗片は単色性で早落。葉は硬い紙質。葉柄は長く明瞭 ……………………… ミヤマノキシノブ
A. 根茎の鱗片は二色性で濃紫色、辺縁はやや淡色。葉は革質
 B. 根茎は細く、径1～1.5mm。葉身は線形～線状へら形で短く、円頭～鋭頭 …… ヒメノキシノブ
 B. 根茎は径2mm以上。葉は狭線形～広線形で細長く鋭頭
  C. 根茎は短くほふくし、葉身は鋭尖頭(ときに尾状)。胞子嚢群は円形 ……………… ノキシノブ

C. 根茎はやや長くほふくし、葉身の先端は尾状で葉柄は常に明瞭。胞子嚢群は楕円形
　　 ·· ナガオノキシノブ
ヒトツバ属
A. 葉はほぼ無柄。胞子嚢群は中肋の両側に1列に並ぶ ·· ビロードシダ
A. 葉は有柄。胞子嚢群は小形で多列に並ぶか、または一面につく
　B. 葉身は披針形〜長楕円形で全縁。基部はくさび形 ··· ヒトツバ
　B. 葉身はほこ形に3〜5裂し、基部は心形 ·· イワオモダカ
サジラン属
A. 根茎は細く、径1mm以下。葉は先端が鈍頭で長さ10cm以下、へら形で厚い草質
　　 ·· ヒメサジラン
A. 根茎はやや太く、径1.3mm以上。葉は先端が鋭頭で長さ10cm以上、狭倒披針形で革質
　B. 葉柄は緑色、根茎の鱗片は赤褐色。葉はやや二形 ·· イワヤナギシダ
　B. 葉柄は少なくとも基部付近では濃紫褐色で光沢がある。根茎の鱗片は黒褐色 ········· サジラン
ミツデウラボシ属
A. 葉は単葉〜3裂片に分かれる。常緑性 ·· ミツデウラボシ
A. 葉は羽状に深裂〜全裂する。夏緑性 ··· ミヤマウラボシ

引用文献

千葉県史料研究財団編 2003. シダ植物. 千葉県植物誌2003. pp. 1-75. 千葉県.
神奈川県植物誌調査会編 2018. シダ植物. 神奈川県植物誌2018(上). pp.1-176. 神奈川県植物誌調査会.
海老原淳 2016, 2017 日本産シダ植物標準図鑑I, II. 学研.
光田重幸 1986. 検索入門 しだの図鑑. 保育社.

シダ植物用語索引

あ

アポガミー		221

い

維管束	いかんそく	223
1回羽状深裂	いっかいうじょうしんれつ	14
1回羽状浅裂	いっかいうじょうせんれつ	14
1回羽状全裂	いっかいうじょうぜんれつ	14
1回羽状中裂	いっかいうじょうちゅうれつ	14
1回羽状複葉	いっかいうじょうふくよう	14, 16
いぼ状	いぼじょう	33

う

羽軸	うじく	13
羽状	うじょう	18
羽状複葉	うじょうふくよう	14
羽片	うへん	13

え

鋭頭	えいとう	13
栄養葉	えいようよう	18
円形	えんけい	25
円腎形	えんじんけい	25
縁生	えんせい	24

お

横走型	おうそうがた	19

か

開出	かいしゅつ	13
革質	かくしつ	13
関節	かんせつ	22
環帯	かんたい	22

き

気孔	きこう	223
偽包膜	ぎほうまく	25
偽脈	ぎみゃく	18
休止芽	きゅうしが	63
鋸歯状	きょしじょう	25

く

クチクラ層		223

け

毛	け	22
結合脈	けつごうみゃく	18

こ

向軸側	こうじくがわ	13
孔辺細胞	こうへんさいぼう	223
5回羽状複葉	ごかいうじょうふくよう	14
コップ状	こっぷじょう	25
根茎	こんけい	19

さ

雑種	ざっしゅ	33, 225
3回羽状浅裂	さんかいうじょうせんれつ	17
3回羽状全裂	さんかいうじょうぜんれつ	17
3回羽状中裂	さんかいうじょうちゅうれつ	15
3回羽状複葉	さんかいうじょうふくよう	14, 17

し

歯牙状	しがじょう	25
紙質	ししつ	13
耳垂	じすい	13
雌性胞子	しせいほうし	43
実葉	じつよう	18
耳片	じへん	13, 75
四面体型胞子	しめんたいがたほうし	33
斜上	しゃじょう	13
斜上型	しゃじょうがた	19
終裂片	しゅうれっぺん	14
宿存性	しゅくぞんせい	22
小羽軸	しょううじく	13

小羽片 しょううへん	13
小胞子 しょうほうし	43
小脈 しょうみゃく	18
小葉 しょうよう	223
小葉類 しょうようるい	223
真嚢シダ類 しんのうしだるい	223
深裂 しんれつ	14

す

水中葉 すいちゅうよう	67

せ

星状毛 せいじょうもう	22
全縁 ぜんえん	14, 16
全縁状 ぜんえんじょう	25
線形 せんけい	25
前葉体 ぜんようたい	22, 220
浅裂 せんれつ	14, 16
全裂 ぜんれつ	14, 17

そ

草質 そうしつ	13
造精器 ぞうせいき	220
早落性 そうらくせい	22
造卵器 ぞうらんき	220
ソーラス	13, 22
側羽片 そくうへん	13

た

大胞子 だいほうし	43
大葉 たいよう	223
大葉類 たいようるい	223
単羽状複葉 たんじょうふくよう	14
単溝 たんこう	33
担根体 たんこんたい	39
弾糸 だんし	44
単条 たんじょう	18
単葉 たんよう	14, 16
担葉体 たんようたい	47

ち

中間生 ちゅうかんせい	23
中軸 ちゅうじく	13
中裂 ちゅうれつ	14
中肋寄り ちゅうろくより	23
頂羽片 ちょううへん	13
頂生 ちょうせい	24
長楕円形 ちょうだえんけい	25
直立型 ちょくりつがた	19

て

定型 ていけい	33

と

刺状 とげじょう	33
鈍頭 どんとう	13

に

2回羽状深裂 にかいうじょうしんれつ	16, 17
2回羽状浅裂 にかいうじょうせんれつ	15, 16
2回羽状全裂 にかいうじょうぜんれつ	17
2回羽状中裂 にかいうじょうちゅうれつ	16
2回羽状複葉 にかいうじょうふくよう	14, 17
二岐 にき	18
二形 にけい	18
二形性 にけいせい	18
二弁状 にべんじょう	25
二面体型胞子 にめんたいがたほうし	33

は

配偶体 はいぐうたい	22, 220
背軸側 はいじくがわ	13
背生 はいせい	24
背腹性 はいふくせい	88
背葉 はいよう	39
薄嚢シダ類 はくのうしだるい	223
発芽溝 はつがこう	33

ふ

複子嚢群 ふくしのうぐん ················ 24
複葉 ふくよう ······························ 39
不定芽 ふていが ··························· 65
不定形 ふていけい ························ 33
部分的二形 ぶぶんてきにけい ····· 18, 19
浮葉 ふよう ································· 67

へ

辺縁 へんえん ······························ 13
辺縁寄り へんえんより ···················· 23

ほ

胞子 ほうし ································· 22
胞子体 ほうしたい ······················ 220
胞子嚢 ほうしのう ···················· 13, 22
胞子嚢果 ほうしのうか ···················· 66
胞子嚢群 ほうしのうぐん ··········· 13, 22
胞子嚢床 ほうしのうしょう ··············· 59
胞子嚢穂 ほうしのうすい ················· 36
胞子葉 ほうしよう ························· 18
芒状 ぼうじょう ···························· 13
包膜 ほうまく ·························· 13, 22
ポケット状 ぽけっとじょう ················ 25

ま

膜状 まくじょう ···························· 33

み

脈上生 みゃくじょうせい ················· 24
脈側生 みゃくそくせい ···················· 24
脈理 みゃくり ······························ 18

む

無性芽 むせいが ························· 222
無性世代 むせいせだい ················· 220
無配生殖 むはいせいしょく ············ 221
無融合生殖 むゆうごうせいしょく ······ 221

め

面生 めんせい ······························ 24

も

網状脈 もうじょうみゃく ··················· 18
木生シダ もくせいしだ ··················· 223

ゆ

有性世代 ゆうせいせだい ··············· 220
雄性胞子 ゆうせいほうし ················· 43
有節類 ゆうせつるい ···················· 223
遊離小脈 ゆうりしょうみゃく ·············· 18
遊離脈 ゆうりみゃく ······················· 18

よ

葉隙 ようげき ····························· 223
葉軸 ようじく ······························ 13
葉身 ようしん ······························ 13
葉柄 ようへい ······························ 13
4回羽状複葉 よんかいうじょうふくよう ··· 14, 17

ら

裸葉 らよう ·································· 18

り

両面体胞子 りょうめんたいほうし ········ 33
鱗片 りんぺん ························· 13, 20

れ

裂片 れっぺん ························· 13, 14
連続子嚢群 れんぞくしのうぐん ·········· 24

和名索引

*主要解説ページを**太字**で示した。

ア

アイアスカイノデ ……… 21, **174**, 180, 193, 242
アイイノモトソウ …………………………… 81, **82**
アイオオアカウキクサ ……………………… 68
アイカタイノデ ………………………… 180, **183**
アイノコクマワラビ …………………… 33, **141**
アオハリガネワラビ …………………… 18, 23, **99**
アオホラゴケ ………………………………… **61**, 234
アオホラゴケ属 ……………… 58, **61**, 233, 234
アカウキクサ属 …………………………… **68**, 234
アカハナワラビ …………………………… **52**, 233
アカメイノデ …………………………… 180, **189**
アスカイノデ
……… 20, 21, 24, **178**, 180, 181, 193, 197, 242
アスヒカズラ …………………………… **37**, 232
アツイタ亜科 …………………………………… 138
アヅミノナライシダ ………………………… 166
アマクサシダ ……………………… **84**, 230, 235
アメリカオオアカウキクサ ………………… 68

イ

イシカグマ …………………………… **77**, 235
イズヤブソテツ …………… **197**, 201, 202, 243
イッポンワラビ ………………………… **132**, 239
イヌイワイタチシダ …………………… **151**, 240
イヌイワガネソウ …………………………… **80**
イヌカタヒバ ……………………… **40**, 222, 232
イヌガンソク …………………………… **105**, 237
イヌケホシダ …………………………… **102**, 237
イヌシダ …………………… 72, **73**, 88, 234
イヌスギナ ……………………… **45**, 228, 232
イヌチャセンシダ ……………………… **90**, 236
イヌドクサ ……………………………… **46**, 232
イヌワカナシダ ……………………………… 142
イヌワラビ
………………………… 20, 27, 34, 88, **124**, 125, 238
イノデ
…… 13, 21, 24, 32, 34, **177**, 180, 181, 193, 242
イノデ属
………………… 119, 166, **170**, 180, 181, 193, 239, 242
イノデモドキ
……………………… 21, 24, 32, 110, **176**, 180, 181, 242

イノモトソウ ……………………… 25, **81**, 82, 235
イノモトソウ科
………………………… 25, **79**, 81, 221, 224, 228, 230, 235
イノモトソウ属 ……………………… **81**, 230, 235
イワイタチシダ ……………… 12, 20, **150**, 240
イワオモダカ …………………………… **214**, 231, 244
イワガネゼンマイ ………… 25, **79**, 80, 205, 235
イワガネゼンマイ属 ……………… **79**, 230, 235
イワガネソウ ……………… 25, **80**, 230, 235
イワシロイノデ ……………… **179**, 180, 181, 242
イワデンダ …………………… **104**, 205, 231, 237
イワデンダ科 ………………………… **103**, 231, 237
イワデンダ属 ………………………………… **103**, 237
イワトラノオ …………………………………… **93**, 236
イワハリガネワラビ …………………… **100**, 237
イワヒトデ …………………………… **216**, 243
イワヒバ ……………………… **39**, 40, 232
イワヒバ科 ………… 13, 14, **39**, 224, 228, 232
イワヒバ属 ……………………………… **39**, 232
イワヒメワラビ ……………… 25, 72, **78**, 81
イワヒメワラビ属 ……………… 72, **78**, 234
イワヘゴ ……………………… 21, 33, **143**, 240
イワヘゴモドキ ……………………………… 144
イワヤナギシダ ……………………… **215**, 244

ウ

ウキクサ ………………………………… 67
ウスゲフモトシダ …………………………… 75
ウスゲミヤマシケシダ ……………… **112**, 238
ウチワゴケ …………………… 58, **62**, 234
ウラゲイワガネ ……………………………… 79
ウラジロ ……………………… **63**, 64, 228
ウラジロ科 ……………… **63**, 81, 224, 228, 234
ウラジロ属 …………………………… **63**, 234
ウラボシ科 ………… **208**, 224, 231, 243
ウラボシノコギリシダ …………… **125**, 238
ウラボシノコギリシダ属 … 110, **124**, 237, 238

エ

エゾデンダ属 ………………………… **208**, 243
エダウチホングウシダ属 ………………… 71
エンシュウベニシダ ………………… **156**, 241

248

オ

オウレンシダ ……………………………… **74**, 234
オオアカウキクサ ………………………………… **68**
オオイタチシダ ……… 17, 20, 31, **152**, 153, 240
オオイワヒトデ ……………………………………… 243
オオカナワラビ …… 29, 34, 161, **162**, 166, 241
オオカラクサイヌワラビ ………………… 24, 110
オオキジノオ ………………………………… **70**, 234
オオキヨスミシケシダ ………………………… **115**
オオキヨズミシダ ………………………… **173**, 242
オオクジャクシダ ………………… 21, 23, **144**, 240
オオサトメシダ ……………………………………… **128**
オオタニイノデ ……………………………… 180, **187**
オオハイホラゴケ ………………………………… 62
オオバショリマ ………………… 23, **101**, 205, 237
オオハナワラビ …………………… **51**, 197, 228, 233
オオバノアマクサシダ ………………… **85**, 235
オオバノイノモトソウ … 25, 81, **82**, 83, 235
オオバノハチジョウシダ ……… 81, **84**, 85, 235
オオバヤシャゼンマイ …………………………… **56**
オオヒメワラビ …………………………… **118**, 238
オオフジシダ属 …………………………………… 234
オオベニシダ ……………………………… **157**, 241
オオホソバシケシダ ………… 115, 119, **122**, 225
オキノクリハラン属 …………………… **216**, 243
オクタマゼンマイ …………………………………… **56**
オクマワラビ………………… 19, 21, 32, 33, 110,
　　　　　　　　　　141, 142, 144, 147, 229, 240
オサシダ …………………………………… **108**, 237
オシダ … 21, 24, 30, 33, 110, **146**, 147, 197, 240
オシダ亜科 ………………………………………… 138
オシダ科 ……… 25, 110, **138**, 221, 224, 229, 239
オシダ属 …………………………………… **139**, 239
オシャグジデンダ ………………… 205, **208**, 243
オニイノデ …………………………………… **172**, 242
オニカナワラビ ………… 161, **163**, 166, 229, 241
オニコバカナワラビ …………………………… 166
オニゼンマイ ………………………………… 19, **57**, 233
オニトウゲシバ …………………………………… 38
オニヒカゲワラビ ……………………… 81, **137**, 239
オニヤブソテツ …… 23, **194**, 201, 204, 205, 243
オリヅルシダ …………………………… **170**, 242
オンガタイノデ …………………………… 180, **189**

カ

カズサイノデ ……………………………………… 115

カタイノデ ……………………… **174**, 176, 180, 242
カタイノデモドキ ……………………… 180, **184**
カタヒバ ……………………………………… **40**, 232
カツモウイノデ …………………………………… **138**
カツモウイノデ属 …………………………… **138**, 239
カナワラビ属 ……………… **161**, 166, 239, 241
カニクサ ……………………………… 63, **65**, 228
カニクサ科 …………………………… **65**, 224, 228
カニクサ属 ……………………………………… **65**
カラクサイヌワラビ ……… 20, 27, 110, **128**, 238
カラクサシダ …………………………… **209**, 243
カラクサシダ属 ………………………… **209**, 243
カワヅカナワラビ ………………… 29, 34, 166, **168**
ガンソク …………………………………………… **106**

キ

キサラヅカナワラビ …………………… 166, **168**
キジノオシダ ……………………………… **69**, 229, 234
キジノオシダ科 ……………………………… **69**, 229, 234
キジノオシダ属 ……………………………… **69**, 234
キノクニベニシダ ………………… 18, 34, **160**, 241
ギフベニシダ …………………………………… **155**, 241
キヨズミイノデ …………………………… 115, 180, **184**
キヨズミオオクジャク ……… 23, 115, **145**, 240
キヨズミオリヅルシダ ………………………… 115
キヨズミコケシノブ …………… **59**, 115, 233
キヨズミシケシダ ……………………… **115**, 225
キヨズミヒメワラビ …………… 22, 115, **139**, 239
キヨズミメシダ …………………………………… 115
キヨタキシダ …………………………… **135**, 239
キレコミイノデモドキ ………………………… 176

ク

クサソテツ ……………… 101, **106**, 205, 229, 237
クジャクシダ ……………………… **86**, 230, 235,
クマオシダ ………………………………………… **146**
クマワラビ … 21, 23, 31, 33, 139, **140**, 141, 240
クモノスシダ …………………………… **89**, 222, 236
クラマゴケ ……………………………… 39, **41**, 228, 232
クリハラン ………………………………… **212**, 243
クリハラン属 ……………………………… **212**, 243
クルマシダ ………………………………… **90**, 236

ケ

ゲジゲジシダ ……………………………… 25, **96**, 236
ケブカフモトカグマ …………………………… 76
ケブカフモトシダ ……………………… 22, 75, 76

ケホシダ ……………………………………… 22

コ

コウキクサ …………………………………… 67
コウザキシダ …………………………… **91**, 236
コウヤコケシノブ ………………… **59**, 231, 233
コウヤワラビ …………………… **105**, 197, 237
コウヤワラビ科 ………………… **105**, 229, 237
コウヤワラビ属 …………………………… **105**, 237
コガネシダ …………………………… **103**, 237
コクモウクジャク ………………………… **136**, 239
コケシノブ ………………………………… **60**, 234
コケシノブ科 ……………… 25, **58**, 224, 231, 233
コケシノブ属 ……………………… 23, 58, **59**, 233
ゴサクイノデ ……………………… 180, **188**
ゴザダケシダ属 …………………………… 71
コシケシダ ……………………… 115, **117**, 238
コシダ ………………………………… 63, **64**, 228
コシダ属 …………………………………… **64**, 234
コスギラン属 ……………………………… **38**, 232
コセイタカシケシダ ……………………… 119, **120**
コタニワタリ ……………………………… **89**, 236
ゴテンバイノデ …………………… 180, **191**
コハシゴシダ ……………………………… **98**, 236
コハナヤスリ ……………………………… 47
コバノイシカグマ ……………… **73**, 81, 234
コバノイシカグマ科
 ………………… 19, 25, **72**, 81, 88, 229, 234
コバノイシカグマ属 ……………… 72, **73**, 234
コバノカナワラビ … 29, 34, 161, **163**, 166, 241
コバノハタシダ ……………………………… 166
コバノヒノキシダ ………………………… **92**, 236
コヒロハシケシダ ………………………… **116**, 238
コヒロハハナヤスリ
 ……………… 18, 33, 34, 47, **48**, 49, 228, 233
コモチシダ ……………… 34, **109**, 197, 222, 231, 237
コモチシダ属 …………………… **109**, 231, 237
コンテリクラマゴケ ……………………… **42**, 232

サ

サイゴクイノデ
 ……………… 21, 24, 34, **173**, 176, 180, 197, 242
サイゴクシムライノデ ………………… 180, **183**
サイゴクベニシダ ………………… 20, **155**, 241
サカゲイノデ ……………… 21, **178**, 180, 197, 242
サクライカグマ …………………… **150**, 240
サジラン ……………………………… **216**, 244

サジラン属 …………………… **215**, 243, 244
サツマシケシダ …………………… 119, **123**
サトメシダ ……………………… **126**, 128, 238
サンショウモ ……………………… 13, **67**, 228
サンショウモ科 …………… **67**, 224, 228, 234
サンショウモ属 ……………………… **67**, 234
サンブイノデ ……………………… 180, **192**

シ

シケシダ … 13, 25, 110, 115, **116**, 119, 225, 238
シケシダ属
 ……………… 25, 110, **111**, 115, 119, 166, 237, 238
シケチシダ ……………… 17, 25, 110, **131**, 239
シケチシダ属 ……………………………… 126
シシイワヘゴ ……………………………… 106
シシオイタチシダ ………………………… 106
シシオオバノイノモトソウ ……………… 106
シシオクマワラビ ………………………… 106
シシオシダ ………………………………… 106
シシガシラ ……………… 19, **107**, 108, 229, 237
シシガシラ科 …………… 25, **107**, 229, 231, 237
シシガシラ属 …………………… **107**, 229, 237
シシクマワラビ …………………………… 106
シシヒトツバ ……………………………… 106
シシホシダ ………………………………… 106
シシミゾシダ ……………………………… 106
ジタロウイノデ ………………… 115, 180, **186**
シチトウハナワラビ ……………………… **51**, 233
シノブ ………………………………… **207**, 231
シノブ科 ……………………………… **207**, 231
シノブカグマ ……………… 161, **165**, 166, 241
シノブ属 …………………………………… **207**
シビイワヘゴ ……………………………… 33
シムライノデ ……………… **175**, 180, 181, 242
シムライノデモドキ ……………………… 180, **185**
シモダカナワラビ ………………………… 166
シモフサイノデ ……………………… 180, **192**
ジュウモンジシダ ………………… **171**, 242
シラネワラビ ………………… 20, **148**, 240
シロヤマシダ ……………………… **136**, 239
ジンムジカナワラビ ……………………… 166

ス

スギナ ……………………… 33, **44**, 45, 232

セ

セイタカシケシダ …………… 28, 34, **113**, 119, 238

セイタカフモトシケダ ………… 119, **120**	**ト**
セフリノモトソウ ………………………… 82	トウゲシバ ……………………… 19, **38**, 222
ゼンマイ ……………… 18, **55**, 56, 229, 233	トウゴクシダ ……………… 31, **157**, 158, 241
ゼンマイ科 …………… **55**, 224, 229, 233	ドウリョウイノデ ………………… 180, **186**
ゼンマイ属 ………………………… **55**, 233	トキワトラノオ …………………… **92**, 236
	トクサ ……………………………… **46**, 232
タ	トクサ科 …………… **44**, 223, 224, 228, 232
タカオイノデ …………………… 180, **190**	トクサ属 …………………………… **44**, 232
タカオシケチシダ ……………… **131**, 239	トネハナヤスリ …………………… **49**, 233
タカヤマナライシダ …………… 166, **169**	トラノオシダ ……………… **93**, 231, 236
タキミシダ ………………………………… 16	
タコイノデ ……………………… 180, **187**	**ナ**
タチクラマゴケ ……………… 39, **41**, 232	ナガオノキシノブ ………………… **212**, 244
タチシノブ ………………………… **87**, 197	ナガサキシダ ……………… 32, **139**, 239
タチシノブ属 ……………………… **87**, 235	ナガサキシダモドキ ………………………… 139
タニイヌワラビ ………………… 17, **130**, 239	ナガバノイタチシダ ……………… **149**, 240
タニヘゴ ……………………… 23, **140**, 240	ナガバヤブソテツ ………… **195**, 201, 243
タマシケシダ ………………… 13, 119, **122**	ナガバヤブソテツモドキ ………… **196**, 202
タマシダ …………………………… **206**, 231	ナガホノナツノハナワラビ ……………… **50**, 233
タマシダ科 ………………………… **206**, 231	ナチシケシダ ……… 22, 25, 28, 115, **117**, 119, 238
タマシダ属 …………………………………… **206**	ナチシダ ………………… 33, 34, 81, **83**, 235
	ナツノハナワラビ …………………… **50**, 233
チ	ナライシダ属 ……………………………… 161
チチブイワガネ …………………………… 79	ナンカイイタチシダ …… 20, **151**, 153, 240
チバナライシダ ……… 17, 166, **169**, 225	ナンゴクデンジソウ ………………………… **66**
チャセンシダ科 …………… **88**, 221,231,235	ナンゴクナライシダ …………… 161, **166**, 242
チャセンシダ属 …………… 19, **88**, 235, 236	ナンゴクベニシダ …………… **160**, 225, 241
チャボイノデ ……… 20, 21, **177**, 180, 181, 242	
	ニ
ツ	ニシキシダ ………………………………… **124**
ツクシイワヘゴ …………… 21, **143**, 144, 240	ニシノオオアカウキクサ ……………………… 68
ツクシヤブソテツ ………… **200**, 201, 203, 243	ニッコウシダ …………………… **100**, 237
ツヤナシイノデ ……… 20, 21, **179**, 180, 242	
ツヤナシイノデモドキ …………… 180, **190**	**ヌ**
ツヤナシフナコシイノデ …………… 180, **191**	ヌカボシクリハラン ……………… **218**, 243
ツヤナシヤブソテツ ………………………… 198	ヌリトラノオ ……………………… **91**, 236
ツルシノブ ………………………………… 65	ヌリワラビ ………………… 17, **135**, 239
ツルデンダ ……………… **171**, 205, 242	ヌリワラビ科 ……………………………… 135
	ヌリワラビ属 ……………………………… 135
テ	
テリハヤブソテツ	**ネ**
……… 14, 19, 30, **196**, 201, 202, 205, 229, 243	ネッコイノデ ……………… **175**, 180, 242
デンジソウ …………………………… **66**, 228	
デンジソウ科 ……………… 23, **66**, 228	**ノ**
デンジソウ属 ………………………………… **66**	ノキシノブ …………… 197, **211**, 231, 243
テンリュウカナワラビ ……………… 166, **167**	ノキシノブ属 ……………………… **210**, 243

251

ノコギリシダ ……………………… **133**, 239
ノコギリシダ属 …………… 110, **133**, 237, 239
ノコギリヘラシダ ……………… 16, 119, **123**

ハ

ハイホラゴケ ……………………… **62**, 231
ハイホラゴケ属 ……………… 58, **62**, 233
ハカタシダ ……………… 161, **162**, 166, 241
ハクモウイノデ ……………… **111**, 112, 238
ハコネイノデ ……………………… 180, **182**
ハコネシケチシダ ………………… **132**, 239
ハコネシダ ………………………… **86**, 235
ハシゴシダ ……………… **98**, 197, 236
ハタジュクイノデ ………………… 180, **185**
ハチジョウカグマ ………………… **109**, 237
ハチジョウシダモドキ ………………… 226
ハチジョウベニシダ …………… **159**, 221, 241
ハナヤスリ科 ……… 18, **47**, 54, 224, 228, 233
ハナヤスリ属 ………………… **47**, 228, 233
ハナワラビ属 ………………… **50**, 228, 233
ハマハナヤスリ …………………… **47**, 233
ハマホラシノブ ……………… **71**, 204, 234
ハリガネワラビ ………… 16, 26, **99**, 197, 237

ヒ

ヒカゲノカズラ ……………… 19, **36**, 228, 232
ヒカゲノカズラ科 …………… 23, **36**, 224, 228, 232
ヒカゲノカズラ属 ………………… **36**, 232
ヒカゲヘゴ …………………………… 19
ヒカゲワラビ ……………………… **137**, 239
ヒトツバ …………………………… **214**, 244
ヒトツバ属 ……………… **213**, 243, 244
ヒメイタチシダ ……………… 20, 31, **154**, 241
ヒメオニヤブソテツ ……… **194**, 201, 204, 242
ヒメカナワラビ …………………… **172**, 242
ヒメクラマゴケ …………………… **42**, 232
ヒメコケシノブ …………………… **60**, 234
ヒメサジラン ……………………… **215**, 244
ヒメシケシダ ……………………… **118**, 238
ヒメシダ ……………………… 88, **101**, 237
ヒメシダ科 ……… 25, 88, **95**, 221, 230, 236
ヒメシダ属 ……………………… **97**, 236
ヒメノキシノブ …………… **211**, 231, 243
ヒメハイホラゴケ ………………………… 62
ヒメミズワラビ …………………… **87**, 228
ヒメワラビ ……………… 27, 88, **95**, 197, 236
ヒメワラビ属 ……………………… **95**, 236

ヒラオヤブソテツ ………………………… 198
ビロードシダ ………………… **213**, 244
ヒロハイヌワラビ …… 20, 28, 34, **129**, 230, 238
ヒロハトウゲシバ ………………………… 38
ヒロハハナヤスリ ………………… **48**, 233
ヒロハヤブソテツ …………… **199**, 201, 203, 243

フ

フクロシダ ………………………… **104**, 237
フジオシダ ………………………… 33, **147**
フモトカグマ ……… 26, 76, **77**, 197, 235
フモトシケシダ ……… 22, 34, **114**, 119, 238
フモトシダ …… 19, 24, 26, 72, **74**, 75, 229, 235
フモトシダ属 ……… 72, **74**, 76, 234, 235
フユノハナワラビ ……………… 47, **52**, 233

ヘ

ヘゴ科 ……………………………… 224
ベニオイタチシダ ………………………… 153
ベニシダ …… 20, 23, 30, **158**, 159, 197, 221, 241
ヘビノネゴザ ……………… 110, **130**, 239
ヘラシダ …………… **111**, 119, 197, 230, 238

ホ

ホウビシダ ………………………… **94**, 231
ホウビシダ属 …………………… **94**, 236
ホウライシダ ……… 24, 33, 34, **85**, 235
ホウライシダ属 ………………… **85**, 235
ホクリクイヌワラビ ……………………… **125**
ホシダ ……………… 16, 26, **102**, 230, 237
ホソイノデ ………………………… 180, 242
ホソコバカナワラビ …………… 34, 166, **167**
ホソバイヌワラビ ……… 110, **127**, 222, 238
ホソバカナワラビ ……… 29, 161, **164**, 166, 241
ホソバコケシノブ …………… **61**, 231, 234
ホソバシケシダ
 ……… 25, 28, 34, **114**, 115, 119, 225, 230, 238
ホソバショリマ …………………… 205
ホソバトウゲシバ ………………………… 38
ホソバナライシダ ……… 161, **165**, 166, 225, 242
ホソバハカタシダ ………………………… 166
ホソバフモトシケシダ …………… 119, **121**
ホホベニオオベニシダ …………………… 157
ホラシノブ ……………… **71**, 197, 231, 234
ホラシノブ属 …………… **71**, 231, 234
ホングウシダ科 …………… 25, **71**, 231, 234
ホングウシダ属 ……………………… 71

マ

マツサカシダ ·············· **83**, 235
マツバラン ················· **53**, 228
マツバラン科 ·········· **53**, 54, 224, 228
マツバラン属 ···················· **53**
マムシヤブソテツ ············ **199**, 203
マメヅタ ······················ **209**, 243
マメヅタ属 ···················· **209**, 243
マルバベニシダ ············ 20, **156**, 241
マンネンスギ ···················· **37**, 232

ミ

ミウライノデ ··················· 180, **188**
ミサキカグマ ·········· 21, **149**, 197, 240
ミジンコウキクサ ······················· 67
ミズスギ ··························· **38**, 204
ミズニラ ······················ 33, **43**, 228
ミズニラ科 ···················· **43**, 224, 228
ミズニラ属 ······························ **43**
ミズワラビ ···························· 87
ミズワラビ属 ············ **87**, 228, 235
ミゾシダ ········ 16, 24, 25, **97**, 106, 230, 236
ミゾシダ属 ·························· 106
ミツイシイノデ ············ 115, 180, **182**
ミツデウラボシ ············ 197, **217**, 244
ミツデウラボシ属 ············ **217**, 243, 244
ミドリタニイヌワラビ ··················· 130
ミドリヒメワラビ ········ 22, 88, **95**, 230, 236
ミドリヒロハイヌワラビ ················ 129
ミドリベニシダ ···················· **159**, 241
ミドリワラビ ························ **119**, 238
ミヤコヤブソテツ ··· 13, 30, **200**, 201, 203, 243
ミヤマイタチシダ ·············· 21, **148**, 240
ミヤマウラボシ ············ 197, **217**, 244
ミヤマクマワラビ ········ 33, **145**, 146, 240
ミヤマシケシダ ···················· **112**, 238
ミヤマシダ ························· **134**, 239
ミヤマノキシノブ ··················· **210**, 243
ミヤマノコギリシダ ··················· **134**, 239
ミヤマベニシダ ···················· 23, **147**, 240
ミヤマメシダ ························· **126**, 238
ミヤマワラビ ··························· **96**, 236
ミヤマワラビ属 ······················· **96**, 236

ム

ムクゲシケシダ ···················· **113**, 238
ムサシシケシダ ············ 119, **121**, 225

メ

メシダ科 ········ 25, 81, **110**, 224, 230, 237
メシダ属 ············ 110, **126**, 237, 238
メヤブソテツ ········ 18, **195**, 201, 202, 243

ヤ

ヤシャゼンマイ ············ 17, **56**, 205, 233
ヤチスギラン属 ···················· **38**, 232
ヤノネシダ属 ························ **218**, 243
ヤブソテツ ························ **198**, 201, 203
ヤブソテツa型 ···················· **198**, 202, 243
ヤブソテツ属 ············ **194**, 201, 239, 243
ヤブソテツb型 ···················· **198**, 202, 243
ヤマイタチシダ ············ 33, **152**, 153, 240
ヤマイヌワラビ
 ·········· 20, 27, 34, **127**, 128, 129, 230, 238
ヤマズミシダ ································ 166
ヤマソテツ ·················· **70**, 205, 229, 234
ヤマドリゼンマイ ··················· **57**, 229
ヤマドリゼンマイ属 ··················· **57**, 233
ヤマヒロハイヌワラビ ··················· **129**
ヤワラシダ ························· **97**, 236

ユ

ユノミネシダ属 ···························· 234

リ

リュウビンタイ ···················· **54**, 228
リュウビンタイ科 ··········· **54**, 224, 228
リュウビンタイ属 ························ **54**
リョウトウイタチシダ ··············· **154**, 241
リョウメンシダ
 ··············· 23, 34, 72, 106, 161,
   164, 166, 205, 222, 225, 241

ワ

ワカナシダ ························ **142**, 240
ワラビ ·················· 24, 72, **78**, 88, 229
ワラビ属 ···················· 72, **78**, 234

学名索引

*主要解説ページを**太字**で示した。
*雑種について、種小名が新たに命名されている場合は属名と種小名の間に×を記した。
そうでない場合は両親種の学名を登載した。

A

Adiantum ······ 85
Adiantum capillus-veneris ······ 85
　− *monochlamys* ······ 86
　− *pedatum* ······ 86
Angiopteris ······ 54
Angiopteris lygodiifolia ······ 54
Anisocampium ······ 124
Anisocampium niponicum ······ 124
　− ×*saitoanum* ······ 125
　− *sheareri* ······ 125
Arachniodes ······ 161
Arachniodes amabilis var. *fimbriata* ······ 162
　− *borealis* ······ **165**, 225
　− ×*chibaensis* ······ **169**, 225
　− *chinensis* ······ 163
　− *exilis* ······ 164
　− *fargesii* ······ 166
　− ×*kenzo-satakei* ······ 168
　− ×*kisarazuensis* ······ 168
　− ×*kurosawae* ······ 167
　− ×*miqueliana* ······ 169
　− *mutica* ······ 165
　− ×*neointermedia* ······ 167
　− *simplicior* ······ 162
　− *sporadosora* ······ 163
　− *standishii* ······ **164**, 225
Aspleniaceae ······ 88
Asplenium ······ 88
Asplenium anogrammoides ······ 92
　− *incisum* ······ 93
　− *normale* ······ 91
　− *pekinense* ······ 92
　− *ritoense* ······ 91
　− *ruprechtii* ······ 89
　− *scolopendrium* ······ 89
　− *tenuicaule* ······ 93
　− *tripteropus* ······ 90
　− *wrightii* ······ 90
Athyriaceae ······ 110
Athyrium ······ 126
Athyrium christensenianum ······ 132
　− *clivicola* ······ 128
　− *crenulatoserrulatum* ······ 132
　− *decurrentialatum* ······ 131
　− *decurrentialatum* f. *platyphyllum* ······ 131
　− *deltoidofrons* ······ 126
　− *iseanum* ······ 127
　− *melanolepis* ······ 126
　− ×*multifidum* ······ 128
　− *niponicum* f. *metallicum* ······ 124
　− *otophorum* ······ 130
　− *otophorum* f. *viridescens* ······ 130
　− ×*pseudowardii* ······ 129
　− *vidalii* ······ 127
　− *wardii* ······ 129
　− *wardii* f. *chloropodum* ······ 129
　− *yokoscense* ······ 130
Azolla ······ 68
Azolla cristata ······ 68
　− *filiculoides* ······ 68
　− *japonica* ······ 68

B

Blechnaceae ······ 107
Blechnum ······ 107
Blechnum amabile ······ 108
　− *niponicum* ······ 107
Botrychium ······ 50
Botrychium atrovirens ······ 51
　− *japonicum* ······ 51
　− *nipponicum* ······ 52
　− *strictum* ······ 50
　− *ternatum* ······ 52
　− *virginianum* ······ 50

C

Ceratopteris ······ 87
Ceratopteris gaudichaudii var. *vulgaris* ······ 87
Coniogramme ······ 79
Coniogramme ×*fauriei* ······ 80
　− *intermedia* ······ 79
　− *japonica* ······ 80

Crepidomanes ··· **61**
Crepidomanes latealatum ······················ **61**
− *minutum* ·· **62**
Ctenitis ·· **138**
Ctenitis subglandulosa ······························ **138**
Cyrtomium ·· **194**
Cyrtomium atropunctatum ························ **197**
− *caryotideum* ······································ **195**
− *devexiscapulae* ·························· **195**, **199**
− *falcatum* subsp. *falcatum* ······················ **194**
− *falcatum* subsp. *littorale* ······················ **194**
− *fortunei* ·································· **198**, **199**
− ×*kaii* ·· **196**
− *laetevirens* ··· **196**
− *macrophyllum* ···································· **199**
− *tukusicola* ··· **200**
− *yamamotoi* ··· **200**

D

Davallia ··· **207**
Davallia mariesii ·· **207**
Davalliaceae ··· **207**
Dennstaedtia ·· **73**
Dennstaedtia hirsuta ································· **73**
− *scabra* ··· **73**
− *wilfordii* ··· **74**
Dennstaedtiaceae ··· **72**
Deparia ··· **111**
Deparia ×*birii* ·· **123**
− *conilii* ··················· **114**, **120**, **121**, **122**, 225
− *dimorphophylla* ······················· **113**, **120**
− *japonica* ··························· **116**, **122**, 225
− *kiusiana* ··· **113**
− ×*kiyosumiensis* ································· **115**
− *lancea* ··· **111**
− ×*musashiensis* ··································· **121**
− *nakamurae* ··································· **115**, 225
− *okuboana* ·· **118**
− *petersenii* ·· **117**
− *petersenii* var. *yakusimensis* ················ **118**
− *pseudoconilii* var. *pseudoconilii*
  ································· **114**, **120**, **121**, **122**
− *pseudoconilii* var. *subdeltoidofrons* ······ **116**
− *pycnosora* var. *albosquamata* ··············· **111**
− *pycnosora* var. *mucilagina* ··················· **112**
− *pycnosora* var. *pycnosora* ······················ **112**
− ×*tomitaroana* ···································· **123**

− *viridifrons* ··· **119**
Dicranopteris ··· **64**
Dicranopteris linearis ································ **64**
Diplazium ·· **133**
Diplazium chinense ···································· **137**
− *hachijoense* ······································· **136**
− *mesosorum* ······································· **135**
− *mettenianum* ···································· **134**
− *nipponicum* ······································· **137**
− *sibiricum* var. *glabrum* ······················· **134**
− *squamigerum* ···································· **135**
− *virescens* ··· **136**
− *wichurae* ··· **133**
Diplopterygium ·· **63**
Diplopterygium glaucum ··························· **63**
Dryopteridaceae ··· **138**
Dryopteris ··· **139**
Dryopteris atrata ·· **143**
− *austrojaponensis* ························· **160**, 225
− *bissetiana* ··· **152**
− *caudipinna* ·· **159**
− *championii* ·· **155**
− *chinensis* ··· **149**
− *commixta* ·· **143**
− *crassirhizoma* ···································· **146**
− *dickinsii* ··· **144**
− *erythrosora* ······································· **158**
− *erythrosora* f. *viridisora* ······················ **159**
− *expansa* ··· **148**
− *fuscipes* ··· **156**
− *gymnophylla* ····································· **150**
− *hikonensis* ··· **152**
− *hondoensis* ·· **157**
− *hondoensis* f. *rubrisora* ······················· 157
− *kinkiensis* ·· **155**
− *kinokuniensis* ···································· **160**
− *kobayashii* ··· **154**
− *lacera* ·· **140**
− *maximowicziana* ······························· **139**
− ×*mayebarae* ······································ **144**
− *medioxima* ·· **156**
− ×*mituii* ·· **141**
− *monticola* ·· **147**
− *namegatae* ·· **145**
− *nipponensis* ······································· **157**
− *polylepis* ·· **145**
− *pycnopteroides* ·································· **142**

- *sabaei* ⋯ 148
- *sacrosancta* ⋯ 154
- *saxifraga* ⋯ 150
- *saxifragivaria* ⋯ 151
- *sieboldii* ⋯ 139
- *sparsa* ⋯ 149
- ×*tokudae* ⋯ 146
- *tokyoensis* ⋯ 140
- ×*toyamae* ⋯ 139
- *uniformis* ⋯ 141
- *varia* ⋯ 151
- ×*watanabei* ⋯ 147
- ×*yuyamae* ⋯ 142

E

Equisetaceae ⋯ 44
Equisetum ⋯ 44
Equisetum arvense ⋯ 44
- *hyemale* ⋯ 46
- *palustre* ⋯ 45
- *ramosissimum* ⋯ 46

G

Gleicheniaceae ⋯ 63

H

Huperzia ⋯ 38
Huperzia serrata ⋯ 38
Hymenasplenium ⋯ 94
Hymenasplenium hondoense ⋯ 94
Hymenophyllaceae ⋯ 58
Hymenophyllum ⋯ 59
Hymenophyllum barbatum ⋯ 59
- *coreanum* ⋯ 60
- *oligosorum* ⋯ 59
- *polyanthos* ⋯ 61
- *wrightii* ⋯ 60
Hypolepis ⋯ 78
Hypolepis punctata ⋯ 78

I

Isoetaceae ⋯ 43
Isoetes ⋯ 43
Isoetes japonica ⋯ 43

L

Lemmaphyllum ⋯ 209

Lemmaphyllum microphyllum ⋯ 209
Lepidomicrosorium ⋯ 218
Lepidomicrosorium superficiale ⋯ 218
Lepisorus ⋯ 210
Lepisorus angustus ⋯ 212
- *onoei* ⋯ 211
- *thunbergianus* ⋯ 211
- *ussuriensis* var. *distans* ⋯ 210
Leptochilus ⋯ 216
Leptochilus ellipticus ⋯ 216
- *neopothifolius* ⋯ 216
Leptogramma ⋯ 106
Leptogramma mollissima f. *cristata* ⋯ 106
Leptorumohra ⋯ 161
Lindsaeaceae ⋯ 71
Loxogramme ⋯ 215
Loxogramme duclouxii ⋯ 216
- *grammitoides* ⋯ 215
- *salicifolia* ⋯ 215
Lunathyrium petersenii var. *grammitoides* ⋯ 117
Lycopodiaceae ⋯ 36
Lycopodiella ⋯ 38
Lycopodiella cernua ⋯ 38
Lycopodium ⋯ 36
Lycopodium clavatum var. *nipponicum* ⋯ 36
- *complanatum* ⋯ 37
- *obscurum* ⋯ 37
Lygodiaceae ⋯ 65
Lygodium ⋯ 65
Lygodium japonicum ⋯ 65

M

Macrothelypteris ⋯ 95
Macrothelypteris torresiana var. *calvata* ⋯ 95
- *viridifrons* ⋯ 95
Marattiaceae ⋯ 54
Marsilea ⋯ 66
Marsilea minuta ⋯ 66
- *quadrifolia* ⋯ 66
Marsileaceae ⋯ 66
Microlepia ⋯ 74
Microlepia ×*kazusaensis* ⋯ 76
- *marginata* ⋯ 74
- *pseudostrigosa* ⋯ 77
- *strigosa* ⋯ 77

N

Neolepisorus ·········· **212**
Neolepisorus ensatus ·········· **212**
Nephrolepidaceae ·········· **206**
Nephrolepis ·········· **206**
Nephrolepis cordifolia ·········· **206**

O

Odontosoria ·········· **71**
Odontosoria biflora ·········· **71**
− *chinensis* ·········· **71**
Onoclea ·········· **105**
Onoclea orientalis ·········· **105**
− *sensibilis* var. *interrupta* ·········· **105**
− *struthiopteris* ·········· **106**
Onocleaceae ·········· **105**
Onychium ·········· **87**
Onychium japonicum ·········· **87**
Ophioglossaceae ·········· **47**
Ophioglossum ·········· **47**
Ophioglossum namegatae ·········· **49**
− *petiolatum* ·········· **47, 48**
− *thermale* ·········· **47**
− *vulgatum* ·········· **48**
Osmunda ·········· **55**
Osmunda claytoniana ·········· **57**
− ×*intermedia* ·········· **56**
− *japonica* ·········· **55**
− *lancea* ·········· **56**
Osmundaceae ·········· **55**
Osmundastrum ·········· **57**
Osmundastrum cinnamomeum ·········· **57**

P

Phegopteris ·········· **96**
Phegopteris connectilis ·········· **96**
− *decursivepinnata* ·········· **96**
Plagiogyria ·········· **69**
Plagiogyria euphlebia ·········· **70**
− *japonica* ·········· **69**
− *matsumureana* ·········· **70**
Plagiogyriaceae ·········· **69**
Pleurosoriopsis ·········· **209**
Pleurosoriopsis makinoi ·········· **209**
Polypodiaceae ·········· **208**
Polypodium ·········· **208**
Polypodium fauriei ·········· **208**
Polystichum ·········· **170**
Polystichum ×*anceps* ·········· **186**
− *braunii* ·········· **180**
− *craspedosorum* ·········· **171**
− *fibrillosopaleaceum* ·········· **178**
− ×*gosakui* ·········· **188**
− ×*hakonense* ·········· **182**
− ×*hatajukuense* ·········· **185**
− *igaense* ·········· **177**
− ×*iidanum* ·········· **183**
− ×*inadae* var. *miekoi* ·········· **192**
− ×*izuense* ·········· **184**
− ×*jitaroi* ·········· **186**
− ×*kiyozumianum* ·········· **184**
− ×*kurokawae* ·········· **189**
− *lepidocaulon* ·········· **170**
− *longifrons* ·········· **174**
− *makinoi* ·········· **174**
− *mayebarae* ·········· **173**
− ×*midoriense* var. *sanbuense* ·········· **192**
− ×*miuranum* ·········· **188**
− ×*namegatae* ·········· **182**
− ×*ohtanii* ·········· **187**
− ×*ongataense* ·········· **189**
− *ovatopaleaceum* var. *coraiense* ·········· **179**
− *ovatopaleaceum* var. *ovatopaleaceum* ·········· **179**
− *polyblepharon* ·········· **177**
− ×*pseudo-inadae* ·········· **191**
− *pseudomakinoi* ·········· **173, 183**
− ×*pseudo-ovatopaleaceum* ·········· **190**
− *retrosopaleaceum* ·········· **178**
− *rigens* ·········· **172**
− *shimurae* ·········· **175, 183, 185**
− *tagawanum* ·········· **176, 185**
− *tagawanum* var. *atrosquamatum* ·········· **175**
− ×*takaosanense* ·········· **190**
− ×*takoensis* ·········· **187**
− *tripteron* ·········· **171**
− *tsus-simense* ·········· **172**
− ×*yuyamae* ·········· **191**
Psilotaceae ·········· **53**
Psilotum ·········· **53**
Psilotum nudum ·········· **53**
Pteridaceae ·········· **79**
Pteridium ·········· **78**
Pteridium aquilinum subsp. *japonicum* ·········· **78**

Pteris ········· **81**
Pteris cretica ········· **82**
　− *multifida* ········· **81**
　− *nipponica* ········· **83**
　− ×*pseudosefuricola* ········· **82**
　− *semipinnata* ········· **84**
　− *terminalis* var. *fauriei* ········· **85**
　− *terminalis* var. *terminalis* ········· **84**
　− *wallichiana* ········· **83**
Pyrrosia ········· **213**
Pyrrosia hastata ········· **214**
　− *linearifolia* ········· **213**
　− *lingua* ········· **214**

R

Rhachidosorus mesosorus ········· 135

S

Salvinia ········· **67**
Salvinia natans ········· **67**
Salviniaceae ········· **67**
Selaginella ········· **39**
Selaginella heterostacys ········· **42**
　− *involvens* ········· **40**
　− *moellendorffii* ········· **40**
　− *nipponica* ········· **41**
　− *remotifolia* ········· **41**
　− *tamariscina* ········· **39**
　− *unicinata* ········· **42**
Selaginellaceae ········· **39**
Selliguea ········· **217**
Selliguea hastata ········· **217**
　− *veitchii* ········· **217**

T

Thelypteridaceae ········· **95**
Thelypteris ········· **97**
Thelypteris acuminata ········· **102**
　− *angustifrons* ········· **98**
　− *dentata* ········· **102**
　− *glandigera* ········· **98**
　− *japonica* ········· **99**
　− *japonica* f. *formosa* ········· **99**
　− *laxa* ········· **97**
　− *musashiensis* ········· **100**
　− *nipponica* ········· **100**
　− *palustris* ········· **101**

　− *pozoi* subsp. *mollissima* ········· **97**
　− *quelpaertensis* ········· **101**

V

Vandenboschia ········· **62**
Vandenboschia kalamocarpa ········· **62**

W

Woodsia ········· **103**
Woodsia macrochlaena ········· **103**
　− *manchuriensis* ········· **104**
　− *polystichoides* ········· **104**
Woodsiaceae ········· **103**
Woodwardia ········· **109**
Woodwardia orientalis ········· **109**
　− *prolifera* ········· **109**

引用文献・参考文献

●図鑑類

大悟法滋・井上浩 1979. シダ・コケ類の生態と観察. 築地書館.

海老原淳（日本シダの会企画・協力）2016. 日本産シダ植物標準図鑑Ⅰ. 学研プラス.

海老原淳（日本シダの会企画・協力）2017. 日本産シダ植物標準図鑑Ⅱ. 学研プラス.

池畑怜伸 2006. 写真でわかるシダ図鑑. トンボ出版.

伊藤洋・川崎次男・相馬研吾・前田修・三井邦夫・金森啓祐・鎧礼子・大悟法滋・益山樹生・芹沢俊介 1972. シダ学入門. ニューサイエンス社.

伊藤洋 1973. しだ その特徴と見分け方. 北隆館.

岩槻邦男（編）1992. 日本の野生植物 シダ. 平凡社.

Iwatsuki K. 2000. *Dryopteridaceae*. In: Iwatsuki, K., Yamazaki, T., Boufford, D. E. and Ohba, H. (eds.), Flora of Japan Ⅰ, Kodansha, Tokyo. pp. 120-173.

川名興・倉俣武男・中池敏之・中村建爾・村田威夫・谷城勝弘 2003. シダ植物. 千葉県植物誌. 千葉県史料研究財団. 1-76.

木村研一・倉俣武男・千葉道徳・水野大樹・村田威夫・谷城勝弘 2023. シダ植物. 千葉県の保護上重要な野生生物－千葉県レッドデータブック－植物・菌類編. 千葉県環境生活部自然保護課. 15-79.

倉田悟・中池敏之（編）1979-1997. 日本のシダ植物図鑑：分布・生態・分類. 全8巻. 東京大学出版会.

益山樹生 1984. シダ植物の生殖. 豊饒書館.

三井邦夫 1982. シダ植物の胞子. 豊饒書館.

光田重幸 1986. 検索入門 しだの図鑑. 保育社.

村田威夫・谷城勝弘 2006. シダ植物. 全国農村教育協会.

中池敏之 1992. 新日本植物誌 シダ篇 改訂増補版. 至文堂.

行方沼東 1961. シダの採集と培養. 加島書店.

大塚孝一 2004. 信州のシダ. ほおずき書籍.

Ohwi J. 1984. *Aspidiaceae*. Flora of Japan, Sumithonian Institution. 50-89.

岡武利 2018. オシダ科. 神奈川県植物誌2018（上）. 神奈川県植物誌調査会. 111-160.

桶川修・大作晃一 2020. くらべてわかるシダ. 山と渓谷社.

志村義雄 1992. 日本のイノデ属. 静岡新聞社.

杉本順一 1979. 改訂増補 日本草本植物総検索誌 シダ篇. 井上書店.

相馬研吾・安田啓祐 1986. 植物の採集と観察. 講談社.

田川基二 1959. 原色日本羊歯植物図鑑. 保育社.

田村淳 2018. メシダ科. 神奈川県植物誌2018（上）. 神奈川県植物誌調査会. 86-110.

千葉県生物学会 2010. 改訂新版千葉縣植物ハンドブック. たけしま出版

●論文

Kato, M. 1984. A Taxonomic Study of the *Athyrioid* Fern Genus *Deparia* with Main Reference to the Pacific Species. J. Fac. Sci. Univ. Tokyo Ⅲ. 13：375-430.

倉田悟 1961. 日本のタニイヌワラビ類. 横須賀市博物館研究報告. 6：7-28.

倉田悟 1962. 日本のカナワラビ属. 横須賀市博物館研究報告. 7：23-43.

倉田悟 1963. 日本のヤブソテツ類. 横須賀市博物館研究報告. 8：23-49.

倉田悟 1964. 日本のイノデ類. 横須賀市博物館研究報告. 10：17-48.

大場秀章 1965. 日本産ミヤマシケダ属の考察. 横須賀市博物館研究報告. 11：48-56.

芹沢俊介 1973. 日本, 琉球, 台湾のシケシダ類. 東京都高尾自然科学博物館研究報告. 5：1-28.

芹沢俊介 1979. 日本産イノデ類の新種および新雑種. Journ. Jap. Bot. 54：137-145.

Yashiro, K. 2015. A new hybrid of *Arachniodes* (*Dryopteridaceae*) from Chiba Prefecture, Honshu, Central Japan. Journ. Jap. Bot. 90：34-38.

著者紹介

谷城勝弘(やしろ かつひろ)

1955年千葉県生まれ。元千葉県立佐原高等学校教諭。カヤツリグサ科ハリイ属の多様性解析、系統進化学的研究により理学博士。湿生植物、シダ、海岸植物等に関する多数の報文がある。2013年日本植物分類学会賞を受賞。

著書：カヤツリグサ科入門図鑑（全国農村教育協会2007）

村田威夫(むらた たけお)

1945年千葉県生まれ。元千葉県立佐倉高等学校教諭。千葉県内のシダ植物相の調査。千葉県内の植物相についての啓蒙活動。

著書：シダ植物（共著・全国農村教育協会2006）、森の野草4（共著・学研1986）

木村研一(きむら けんいち)

1974年東京都生まれ。千葉県在住。千葉県内のシダ植物相の調査。

著書：千葉県レッドデータブック（分担執筆・千葉県2023）、千葉県生物観察ガイド（分担執筆・千葉県生物学会2018）

装丁・デザイン・DTP
阿部ちひろ（全国農村教育協会）

シダ識別入門図鑑

2024年12月25日　初版　第1刷発行

著　者　谷城勝弘
　　　　村田威夫
　　　　木村研一

発行所　株式会社全国農村教育協会
　　　　東京都台東区台東1-26-6　〒110-0016
　　　　電話 03-3839-9160(営業)　FAX 03-3833-1665
　　　　https://www.zennokyo.co.jp/
　　　　hon@zennokyo.co.jp

印　刷　三松堂株式会社

©2024 by Katsuhiro Yashiro, Takeo Murata and Kenichi Kimura
ISBN978-4-88137-205-0 C3645

定価はカバーに表示してあります。
乱丁、落丁本はお取り替えいたします。
本書の無断転載・複写(コピー)は著作権法上の例外を除き、禁じられています。

植調 雑草大鑑

浅井元朗
B5判 360ページ 本体9,800円
ISBN978-4-88137-182-4

生育段階によって姿かたちが大きく変化するのが雑草の特徴で、雑草の名前がなかなか覚えられない最大の理由になっています。これを解決するため、ひとつの雑草種について種子、芽生え、幼植物、生育中期、成植物から花・果実までのすべてを明らかにした図鑑です。

特色

1.「日本原色雑草図鑑」の系譜を引き継ぐ進化版
1968年の初版から12回の改訂・増刷で3万7,000冊を発行してきた「日本原色雑草図鑑」の系譜を引き継ぐ本格的なカラー雑草図鑑です。

2. 多くの種を網羅的に登載
水田雑草28科129種、畑地雑草54科583種を掲載、網羅性を必要とする雑草調査に必携の図鑑。北海道・沖縄の雑草も多数収録しました。

3. カラー写真3,655点、雑草の一生を写真で掲載
見出し掲載の約500種については芽ばえ、幼植物から成植物、花・果実まで雑草の一生をカラー写真で掲載しました。

4. 種子433種の写真を掲載
種子専門図鑑以外ではあまり掲載されなかった種子433種の写真を掲載。

5. 草種に特有の識別点を写真で掲載
イネ科の葉節部、カヤツリグサ科・イネ科の小穂、多年草の地下部栄養繁殖器官など草種の特徴的な部位を写真で解説しました。

6. 外来種も多数収録
「日本原色雑草図鑑」にはなかった外来種もできるだけ収録。全掲載種の約45％にあたる322種が外来種です。

日本帰化植物写真図鑑

第1巻

清水矩宏・森田弘彦
廣田伸七

B6判 556ページ 本体4,300円
ISBN978-4-88137-085-8

増補改訂 第2巻

植村修二・勝山輝男・
清水矩宏・水田光男・
森田弘彦・廣田伸七・池原直樹

B6判 596ページ 本体5,000円
ISBN978-4-88137-185-5

第1巻2001年、第2巻2010年（絶版）、増補改訂第2巻2015年。日本帰化植物写真図鑑は、年々増え続ける帰化植物にできるかぎり最新の知見で即応してきました。

特色

1. 両巻で日本の帰化植物をほぼカバー
第1巻には600種、増補改訂第2巻には500種の帰化植物を掲載、合計1,100種で、およそ1,200種といわれる帰化植物をほぼカバーしています。

2. 問題雑草に対応
比較的新しいヒガタアシ、オオバナミズキンバイを含め、特定外来生物に指定されている植物を掲載し、また雑草害とその対策など、コラムで関連情報を収録しています。

3. 識別ポイントがわかる
在来種と似たもの、帰化植物どうしで似たものについては、識別ポイントを写真を使って解説しました。

4. 種子500種の写真を掲載
第1巻300種、第2巻200種の種子写真が同定に役立ちます。

5. 大きな写真、豊富な周辺情報
野外での使用を想定した小型版ながら、できるだけ写真を大きく配し写真での識別を容易にしました。また主要な文献、分布情報を付記、さらに詳しく調べることができます。